飛機迷
都想知道的
50個超知識

周沄枋　Emily
徐　浩　Howard
丁　瑀　Brian Ting

晨星出版

- **航空飛行顧問**　　 - **飛行員**　　　　 - **簽派員**
丁瑀 Brian Ting　　　 徐浩 Howard　　　 周沄枋 Emily

推薦人

Samantha／國籍航空副駕駛、航空部落客。從空服員轉職為最美女機師，擅長以輕鬆淺顯的口吻介紹航空大小事。

王　丰／曾任 747 機長，前華航、韓亞航機師，退休後專注於從事流浪狗救助志業。

王 立 楨／前美國洛克希德‧馬丁公司太空部門專案製程總工程師，航空科普暢銷作家。擔任航太專業工程師四十年、鑽研空軍歷史超過五十年。

林 俊 良／現任交通部民航局副局長，致力民用航空領域數十年。

海 英 俊／台達電子董事長，外公為抗日名將白崇禧、舅舅為知名作家白先勇。

張 安 妮／台達電子董事長夫人，父親為前中華民國空軍飛行員、前華航董事長。

陳 妍 君／ IFATCA 亞太區執行副主席、台灣飛航管制員最佳代言人，致力於航管外交， 在不同的國際舞臺為航管發聲。

盧 衍 良／成功大學航空太空工程博士，曾任行政院飛航安全委員會飛安組工程師，現任朝陽科技大學飛行與民航人員技術系主任。

饒 遠 平／空幼校友會總幹事，前空軍總統座機組組長、中華航空機長，飛行資歷四十餘年、飛行時數兩萬餘小時。

在國中那年，我誤打誤撞通過了蒲楊幼校的測試，加入了空軍培訓班，開始了我這輩子唯一的職業──飛行員。

一路從空軍到民航，我一直過著自律且努力的生活。我時常老實地跟孫女說，在那個戰亂的年代，當飛行員真的不用怕挨餓受凍，因為我們從幼校開始甚至撤退到台灣之後，都接受最好的教育和資源。但是努力和自律，真的才是一把造就優秀飛行員的鑰匙。

我很幸運，出生在戰爭的尾巴，參加過最有名的戰役大概就是八二三砲戰，戰爭的種種，歷歷在目，所以當華航準備成立時，我便在太太的鼓勵下成為第一批軍轉民的飛行員。還記得那時開的第一架載客飛機是波音 707，就這樣一路飛華航到退休。

在軍中和華航，我最自豪的部分並不只是飛行的技術，而是擔任學科教官。孫女問我為什麼學科那麼厲害，我跟她說真的沒有不二法門，就是努力。良好的飛行技術必須建立在穩固的飛行學科上，所以我自己花了非常多時間和精力，不只在考試中拔得頭籌，在軍中更擔任全國基礎飛行理論的教官；後來加入華航後，也專門負責協助空軍轉民航飛行員的訓練。其實空軍的訓練與民航並沒有太大的差異，只是少了火砲射擊等項目，至於像是國際航線的飛行，在軍中我們也是有出勤到琉球等地的經驗。

這次看到我的大孫女 Emily、孫女婿 Howard，還有她的國小同學小丁（Brian）一起合著這本航空科普書籍，真的讓我感到很驕傲與感動。我永遠記得當初第一次帶他們踏進桃園航空博物館時他們的眼神，我想那正是這本書出版的動力。

　　還記得那年，Emily 和小丁（Brian）就讀小學四年級，有天 Emily 跑來問我能不能去班上跟大家介紹飛機。畢竟我也當了一輩子的飛行員，還有誰能比我更適合呢？不過，我左思右想都覺得在黑板上跟大家介紹飛機，對小學生來說真的太無趣又難理解，正好那時新竹空軍基地捐了一批退役軍機到桃園航空博物館，於是我便向他們班導師提議——來辦場校外教學吧！當時我在中華民國輕型飛機發展協會擔任執行監事，我們致力於舉辦各種航空相關講座，並將航空資訊帶入校園，因為未來航空人才的培育就是要從教育著手、從小培養，所以我就這樣帶著 Emily 全班去桃園航博館參觀了。

　　轉眼間二十年過去了，我的身子已經不如以往康健，記憶也逐漸模糊，但是對於飛行的事，我總是能記得很清楚。很開心能看到孫女和這些晚輩一起完成這本航空科普書，將知識記錄下來並且傳承下去，這正是我此生的志業，也恭喜他們順利出版！

——空軍 32 期，華航 747-200 退休機長　周性初 口述

周沄枋 代筆

前言 / 要非常努力，才能看起來毫不費力

　　記得小時候，我看著爺爺、爸爸拖著行李箱出門上班，總是覺得他們又要搭飛機出國玩了——因為每次他們回家都是跟我分享日本的水蜜桃、紐約的龍蝦便宜又好吃；還有在檳城剪頭髮很便宜，泰國一落地就要去按摩再大啖海鮮！

　　所以我從小就嚮往航空業，因為我天真地以為這份工作就是這樣輕鬆又快活，直到大學畢業後考上了培訓飛行員，每天要讀的書排山倒海而來：各種航空法規、天氣標準、結構限制、飛行程序根本讓我唸到喘不過氣。這時才知道，身為飛行員的爺爺和爸爸並不是拉著箱子就出門玩，他們肩上扛的不只是我們家的生計，還有全機 300 多位乘客的安全，而且每位乘客背後更代表他們的家庭和人生，這樣如此承重的壓力，真的不是一般人能承受的——而這份壓力，我想真的只能靠非凡的努力，才能看起來毫不費力。自從加入培訓飛行員，讓我第一次覺得真正了解爺爺、爸爸和叔叔的工作；我也和當年的他們一樣，讀著飛行原理，握著油門和操縱桿，完成一次又一次的飛行訓練。

　　可惜，培訓這條路對我來說走得並不順遂，尤其到後期，每一次的失誤，都讓我覺得自己離淘汰邊緣更近，壓力也與日俱增，就在這樣不斷的惡性循環下，我終究還是面臨了被公司淘汰的命運。

　　退訓後，我很幸運，還能繼續留在嚮往的航空業，轉職到現在的工作——航空公司簽派員。這份工作被稱為是「地面上的飛行員」，因為真的跟飛行員工作內容有著極高的關連性，本職學能和

知識也有很大部分是重疊的。不過，以前學飛時念的是美國的法規，天氣也只要關注在 KMHR❶；現在，身為一個國際線的航空簽派員，每天要看的天氣是整個太平洋的噴射氣流（Jet stream）走向，還有我們公司在全球有執飛的機場、沿途空域的飛航公告，更要隨時注意有沒有火山爆發造成高空火山灰瀰漫等顯著天氣，這些都是每天上班要細讀的簽派員日常。簽派員雖然不用待在飛機上，但是，當我完成每一份飛行計畫，上面的簽名和證照號碼都代表著我對這趟飛行、飛機上的組員及乘客所負的責任。

從培訓飛行員到簽派員，讓我看見了航空業不同的面貌，唯一的共通點，就是大家在各自的崗位上，都很專業並且敬業，真的要非常努力，不斷精進自己，才能讓自己在工作時看起來毫不費力，我想這也是每個航空人都能夠如此熱愛自己工作的原因，因為這不只是我們的工作、更是熱情所在。

很感謝好朋友 Brian 找我們夫妻倆合作這本書，說起來緣分深遠，從國小他轉學到我們班上到現在，這二十幾年的交情真的很難得。Brian 對航空的熱情完全遠勝過我認識的任何人，他第一次遇見我爺爺就是國小時爺爺為我們班特別安排去桃園機場航空博物館戶外教學的時候，爺爺用他畢生對航空的經驗與貢獻做了最完美的解說，也是那時啟發了 Brian 心中的航空夢。一直到現在，即使身為 RoastTing Coffee 烘焙者咖啡有限公司國際事業負責人的他，不管再忙碌，仍然在心中保有對飛行的熱忱，更將它化為行動，今天才會有這本書的誕生。而當他發想這本書時，邀請我和老公 Howard 一同加入創作的行列，更是讓人感動，也不枉我們多年的情誼。因為有他的邀約，我們才有機會將專業和更多人分享。

---

❶當時受訓的本場——加州沙加緬度（Sacramento）的 Mather 機場。

說到我和老公 Howard 的緣分也是巧妙。一個在美國出生，台灣長大；一個在台灣出生，美國長大。兩人因為培訓飛行員課程而相識，卻是在我退訓回台灣後，才將友誼昇華成愛情，從此我們在工作上互相配合，回到家後更是彼此的支柱。

Howard 一開始接受訓練的機種是 ATR-72 機型，主要執飛台灣本島及離島間的國內航線。大概兩年後轉訓成為波音 777 駕駛，並執飛國際航線，目前約有三年多的時間。所以我們一致覺得由他來帶領讀者進入專業的飛機知識領域是再適合不過了。

《飛機迷都想知道的 50 個超知識》是一本可以抱著輕鬆的心情翻閱的課外讀物，我們嘗試著用輕鬆的口吻，寫出專業卻不艱澀的文字，希望可以帶領大家一同窺探航空的奧祕。除了是一本課外讀物，也可以是一本工具書，如果想深入淺出了解飛機構造、飛行原理、航路規畫、航空歷史等，我保證這本書會是個好幫手，裡面的內容更值得一次次地細讀；連我自己寫完之後再讀過兩三遍，都還是覺得受益良多，絕對不是那種在書店駐足就可以讀完的一次性讀物。所以希望不管是熱愛航空或正在加入航空業路上的你，或是剛好只是不小心在書店因好奇心而拿起這本書的讀者，都能愛上這本書，感受到我們的航空魂。

周泛枋 Emily Chou

序文／拉近飛行與夢想的距離

　　我永遠記得 19 歲那年，傾盆大雨的 9 月 13 日上午，在洛杉磯 Santa Monica 機場 21 號跑道尾端，一架藍白色底、金色條紋的西斯納 172（Cessna 172）靜靜地躺在停機坪，就像沈睡已久的睡美人等待被喚醒。在查看完氣象預報及做完飛行前準備工作後，教練和我啟動了西斯納的發動機，那一刻宛如王子用他深情的吻喚醒了睡美人的心跳。

　　「轟隆隆！」一陣爆裂聲響徹了整座山丘。雖然當時洛杉磯是陰天，但在美女教練 Taylor 細心與耐心的教導下，我的第一堂飛行課還是順利起飛了，衝破雲霄的剎那，一道道耀眼的金色光芒撒向我們的臉龐。3,000 多呎的高度絕對比不上一般大客機的 30,000 呎來得高，但是地面上的車子與行人頓時變成模型車與玩具兵，突然間我體悟出了一個真理——感恩。瞄了一眼腳下的天使之城，地面上的人、事、物是如此的渺小，再看一眼前方一望無際的天空，只覺得自己又變得更渺小了。

　　世界如此之大，在地面上發生的所有不如意的事情，都在這片天空之鏡面前，化成一粒幾乎看不見的沙。美麗的天空總能讓我忘卻一切煩惱，因此我想把我得到的這份感動也分享給你們，這就是此書誕生的真正意義。

　　其實第一位教我開飛機的人是 Emily 的爺爺——周性初機長，當年我還只是個小學生。所以當出版社邀請我撰寫飛機知識書時，第一位想到的人就是 Emily 與 Howard 夫婦。Emily 不只是我的小學同學，更重要的是她的專業和來自飛行員世家的背景，以及我和她

爺爺與父親那層親上加親的情誼。由衷感謝 Emily 與 Howard 兩位好友，願意在飛行員與簽派員的忙碌生活中奉獻他們寶貴的時間，和我一起用飛機雲一筆一畫勾勒出許多飛行的回憶與知識。

還要感謝最敬愛的 Annie 張安妮與最敬佩的 Uncle Yancey 海英俊董事長，在 2019 年帶我從洛杉磯到舊金山，與小時候的偶像——二戰空官朱安琪上尉共進晚餐，一圓兒時的空軍夢。當然也要感謝我的母校 Utah Valley University 美國猶他州猶他谷大學航空飛行系給予的所有資源，讓我能夠在短短的兩年內領略各式各樣的飛行領域。

身為 StarTing Aviation 瑀航航空顧問公司的創辦人，希望藉由此書鼓勵更多懷抱著飛行夢想的人們，都能夠勇敢地飛向那片屬於你們的天空！在逐夢的過程裡一定會遇到挫折，就像飛機一定要有逆風才能夠起飛，正如我最喜歡的一句至理名言所述，適用於人生的任何階段：

When everything seems to be going against you, remember that the airplane takes off against the wind, not with it. —— Henry Ford

最後，感謝我最愛的家人不斷地支持與鼓勵，阿嬤、阿公、媽媽、爸爸、妹妹，你們都是我人生裡最好的飛行夥伴，我永遠愛你們！最後的最後，要感謝上帝透過張南驥長老及錢老師一直以來給我的機會與愛，不管你的信仰是什麼，讓我們一起誠心禱告此書能讓更多人深入瞭解專業飛行知識，同時拉近與飛行夢想的距離。Good Luck ！

丁瑀 Brian Ting

CONTENTS

推薦序 周性初 口述　周沄枋 代筆

每個人都有自己的一片天空！　　　　　　　5

前言 周沄枋 Emily

要非常努力，才能看起來毫不費力　　　　7

序文 丁瑀 Brian Ting

拉近飛行與夢想的距離　　　　　　　　　10

第一章

飛機構造的知識　　徐浩 Howard

01　飛機為何會飛？　　　　　　　　　18

02　飛機是用什麼做的？　　　　　　　21

03　機翼的功能是什麼？　　　　　　　24

04　尾翼的功能是什麼？　　　　　　　28

05　飛機的發動機是如何運作？　　　　32

06　飛機需要鑰匙來啟動嗎？　　　　　36

07　航空燃油是什麼？　　　　　　　　39

08　襟翼和縫翼是什麼？　　　　　　　42

09　機翼上的燈有特別的意思嗎？　　　45

10　起落架要如何升降？　　　　　　　48

11　一架飛機的造價是多少？　　　　　51

第二章

飛機操作的知識　徐浩 Howard

12　飛機如何起飛？　56

13　飛機如何落地？　59

14　飛航有哪些階段？　62

15　飛機可以倒車嗎？　65

16　空中可以煞車嗎？　68

17　為什麼民航機飛不到外太空？　70

18　民航機可以飛到超音速嗎？　73

19　飛行員用什麼來導航？　75

20　為什麼飛機可以在看不見的情況下落地？　78

第三章

空中航務的知識　周沄枋 Emily

21　ETOPS 是什麼？　84

22　天空上有路嗎？　88

23　飛機越來越多，天空沒有越來越大怎麼辦？　91

24　空中的地圖是誰畫的？　94

25　航管如何一目了然航機的航路及設備？　97

26　各國航管如何跟飛行員溝通呢？　100

27　一趟航班會有備用計畫嗎？　104

28　如何決定機場跑道的方向？　107

29　什麼是 NOTAM？　112

第四章

航空氣象的知識　周沄枋 Emily

30　雲有分種類嗎？　　　　　　　　　　116

31　大自然如何幫飛機省時又省油？　　　120

32　高低壓及氣溫對飛機的影響是什麼？　123

33　航空氣象有什麼特別之處？　　　　　126

34　航空氣象 Q&A　　　　　　　　　　130

第五章

航空職務的知識　周沄枋 Emily
徐浩 Howard

35　什麼是航空器簽派員？　　　　　　　136

36　每天的航路都一樣嗎？　　　　　　　139

37　有人在空中指揮交通嗎？　　　　　　141

38　航空職務 Q&A　　　　　　　　　　145

第六章

搭機旅行的知識　周沄枋 Emily

39　飛機平飛的時候是平的嗎？　　　150

40　為什麼起飛時耳朵會痛？　　　　152

41　飛機餐有什麼特別之處？　　　　155

42　要坐哪個位置才能看到極光？　　158

43　機場的路標在説什麼？　　　　　162

第七章

飛機迷必懂知識

丁瑀 Brian Ting ／徐浩 Howard

44 是誰將航空旅行普及化？ 168

45 王牌飛行員 170

46 什麼是通用航空？ 176

47 開飛機需要哪些駕／證照？ 178

48 何謂飛行學校？ 182

49 真的有專門培育飛行員的大學嗎？ 185

50 民航機師有可能被取代嗎？ 188

附錄

丁瑀 Brian Ting

全球飛機品牌，你知道多少個？ 191

飛行員是現代時尚的開創者之一？ 197

鮮為人知的大學飛行社團 200

第一章

飛機構造的知識

01. 飛機為何會飛？

徐浩 Howard

　　搭飛機時，你是否也好奇過飛機到底是如何成功地對抗地心引力，翱翔在空中的呢？可能很多人第一個會想到的是引擎的作用。畢竟在起飛的過程中，最容易令人感受到的是當噴射引擎轉動到最大推力時，所產生的巨大噪音及隨之而來的貼背感。但是其實你知道嗎？引擎並不是飛機會飛的主要原因。舉例來說，在台東鹿野高台上的飛行傘雖然沒有引擎，依舊可以飛在空中。還有滑翔機之類的飛行器，也是沒有引擎的！

　　要知道飛機如何翱翔在天空之中，首先我們必須要懂四個在航空器上作動的力量。在巡航中的飛機，同時會有推力、阻力、升力及重力這四種力量相互的作用及抵銷。阻力是由摩擦和其他力量而使飛機向後所產生的力量；而推力主要是來自於引擎，是使飛機向前的力量，沒有引擎的飛行器則是使用位能的轉換。重力則是飛機因萬有引力而向下的力量；升力則是讓飛機向上、相反於重力的力量。一架客機要持續地飛行並維持它所在的飛行高度，它的升力就必須相同於它的重力。假如我們還在起飛和爬升的過程中，飛機的升力就一定要大於它的重力。反之，下降的時候，飛機的升力是小於重力的。

那飛機要如何產生升力呢？答案就在於機翼的形狀。從飛機機翼的剖面圖來看，它的上緣一定有一個弧度，而下緣則通常比較直。這樣的設計會使流動的空氣粒子接觸飛行中的機翼時往下偏轉，產生一個加速度，因為流動的空氣粒子偏轉時也會同時改變它的速度及方向。而根據牛頓第二運動定律——力等於質量乘上加速度（$F=m\times a$），因此，當空氣粒子與機翼互相接觸時，就會產生力。最後因為牛頓第三運動定律——作用力與反作用力，向下偏轉的氣流所產生的力會同時造成一個向上的反作用力，也就是升力，這就是為什麼飛機會飛的原因。有一個很簡單的實驗可以讓你自己體驗升力的產生：下次有機會的話，可以在行進的車上把手掌稍微伸到車窗外（但請注意窗外交通情況，安全第一），假如你把手掌向上拱起來，做成類似翼型的一個弧度的話，你的手會感受到一個向上的力量，這個力量就是類似機翼上的升力！

　　很久以前還在飛小飛機的時候，有一次教官在課堂上突然問了我：「請問飛機為什麼會飛？」我想了老半天，還在猶豫到底要怎麼解釋時，教官笑了一笑，接著說：「不要想得太複雜，很簡單，就一個字：錢（money）！」

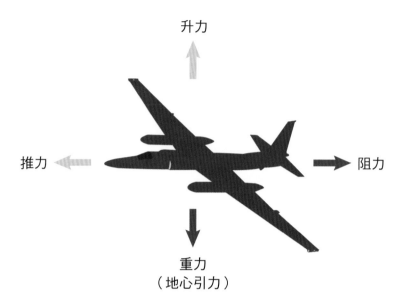

升力

推力　　　　　　　　　　　　阻力

重力
（地心引力）

✈ 航空器上作動的四種力量：推力、阻力、升力及重力。
（圖片來源：Sansanorth／Shutterstock.com）

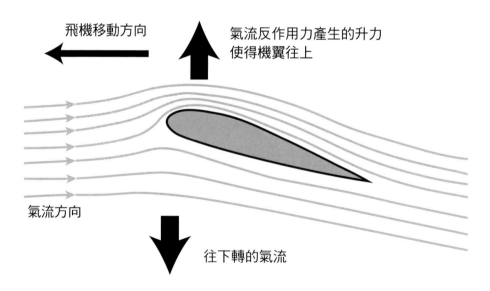

飛機移動方向　　　　　　氣流反作用力產生的升力
　　　　　　　　　　　　使得機翼往上

氣流方向

往下轉的氣流

✈ 向下偏轉的氣流所產生的力，會同時造成一個向上的反作用力。
（圖片來源：gstraub／Shutterstock.com）

02. 飛機是用什麼做的？

徐浩 Howard

　　講到製造飛機的材料，可能很多讀者第一個會想到的是鐵或是鋼，畢竟鋼鐵不但非常堅固，而且相較其他的金屬，它的製造成本相對較低。但是其實現代民航客機的機身結構不是以鋼鐵為其主要的材料，而是另一個也很常見的金屬——鋁。

　　為什麼民航機的設計會選用鋁？首先我們要稍微討論一下航太材料的需求。第一，這個材料必須要越輕越好。因為飛機本身的空機重量越重，它每趟飛行消耗的燃油就越多；飛機越能節省重量上的耗油，航空公司就可以相對降低它的營運成本。第二，飛機的材料必須要夠堅固。航太工程師在民航機的設計上必須要考慮到飛機必須在不同天氣狀態下飛行，應付不斷變化的大氣壓力，和承受操作上所產生的力負荷。第三，飛機必須要能抵抗環境對它造成的腐蝕。所謂的腐蝕現象就像是水和氧氣會導致鐵生鏽、而飛機的材料需要有足夠的能力抵抗類似的化學反應才能確保安全並延長使用壽命。第四，這個材料必須要有合理的價錢，飛機製造商不可能會設計一款需要用很稀有及昂貴的材料而打造出來的飛機，除非買家是軍方才可能會有這方面的需求。

在這些條件下，鋁成為了一個非常好的選擇——鋁不但本身比其他的金屬還要輕，它還可以提供良好的強度和抗腐蝕的能力。再來就是鋁合金的製造成本。因為鋁的產量充足，而且它加工容易、製造技術也已成熟，所以飛機設計上選用鋁合金相對於其他的選擇是相當有優勢的。所以現代絕大部分的民航機，不管是客機還是貨機，都是主要由鋁合金打造而成；不論你搭的是長程還是短程的客機，你搭到的都很有可能是這種金屬製成的飛機。

✈ 飛機其實是由金屬製成的。看到的部分是最外面的漆。底下還有抗侵蝕護膜。
（圖片來源：Kevin Peng）

✈ 拆掉內裝，明顯可見飛機的結構是由金屬打造而成。
（圖片來源：Mario Hagen／Shutterstock.com）

不過未來的客機可能就不一定是全金屬打造的——其實現在就有所謂的複合材質製造的飛機，新一代的飛機，像是波音的 787 及空中巴士的 A350，超過一半以上都來自於複合式材質。所謂複合材料就是以人工的方法，把多種材料編織起來所產生的建材，且很多時候會用玻璃、塑膠或碳纖維來增加強度。複合材料有鋁合金的優點，甚至在某些地方更具優勢。舉例來說，因為金屬的部分變少了，除了變得更輕之外，新一代的客機可以容許高一點的客艙濕度，增加乘客的舒適度。隨著技術的進步，以後越多的客機也會漸漸改以複合材料製成，可以期待以後的飛機會更加的舒適。

✈ 新一代的客機都是由複合材料製成，像是這架空中巴士 A350。
（圖片來源：aapsky／Shutterstock.com）

03. 機翼的功能是什麼？

徐浩 Howard

　　大家在搭飛機時，最喜歡選坐哪個位子呢？是希望坐在靠走道的位置較方便起身、還是喜歡靠窗坐，看著窗外的風景？一直以來，我都蠻喜歡靠窗的位子，尤其是能夠看到機翼的位子最好。雖然機翼會稍微擋到外面的景觀，但是能看見機翼在飛行過程中的運作也是相當有趣的。那麼機翼在飛行上到底扮演什麼樣的角色呢？

　　機翼最重要的功能是產生飛行時所需的升力。我們在單元 01 中討論過升力是由機翼的橫切面形狀造成的。同時，機翼也是裝載飛機引擎和油箱的位子 —— 這點跟車子不一樣，飛機並不是把油箱設計在機身裡，而是會把油箱置於機翼中。因為每趟飛行需要燃燒好幾百公斤甚至多達一百多噸的燃油，假如把燃油全部裝在機身的話，因為力矩的關係，在起飛時會對機翼造成過大的負擔。將油箱置於機翼中不但解決了負重的問題，也可以妥善利用機翼中的空間。

　　另外，仔細觀察的話，不難發現機翼上還有許多會作動的部位。像是機翼的前緣和後緣有可以伸縮的縫翼和襟翼（見單元 08），機翼上方還有會站起來的擾流板，外後緣還有可以上下擺動的副翼，機翼的最末端翹起來的則是翼尖小翼。

翼尖小翼（減少阻力）

副翼
（轉彎）

前緣縫翼
（增加升力）

後緣襟翼
（增加升力）

機翼
（製造升力）

擾流板
（破壞升力、增加阻力）

✈ 飛機機翼的部位和功能。（圖片來源：BoulevardPhotography ／ Shutterstock.com）

翼尖小翼的用途主要是減少翼尖會造成的渦流。假如你有機會看到飛機經過的地方，於飛機降落前的正後方，你有時可以看到機翼末端產生一圈一圈的氣流或是渦流，這個渦流造成了很多阻力，會使飛機耗費更多燃料。工程師設計不同的翼尖小翼形狀就是為了幫飛機省油，你可以仔細想想看你看過多少不同小翼的設計呢？

　　擾流板顧名思義就是擾亂氣流用的板子，在飛機落地以後可以觀察到所有的擾流板會向上升起來去影響機翼上方的氣流，破壞飛機的升力，大幅地加強飛機落地的效果。另外，在空中擾流板主要的功能為協助飛機減速。飛機在下降過程中有時會需要減速，這時候就有可能會用到擾流板稍微增加阻力以達到減速的目的。

　　副翼是一架飛機的主操控面之一，它們的功能就是使飛機轉彎。當飛機要向左轉時，左翼的副翼會向上而右翼的副翼則會向下，這個時候兩邊的機翼會產生不一樣的升力，而使飛機向左轉，如果是右轉的話則相反。有機會觀察的話下次飛機轉彎時可以注意一下副翼的動作。

所以機翼在每次飛行中身負著多項重要任務如：

1. 產生升力，使飛機飛起
2. 裝載燃油和引擎，讓飛機能持續飛行
3. 使飛行員可以操作飛機，使其能轉彎和減速

✈ 油箱位於機翼中，所以必須從兩邊的機翼加入燃油。
（圖片來源：Heffalum／Shutterstock.com）

04. 尾翼的功能是什麼？

徐浩 Howard

　　飛機的尾翼是什麼？尾翼是飛機的主結構之一，通常一架飛機是由機身、尾翼、機翼、發動機及起落架組成的。而尾翼就是接在機身後方的結構，其由水平尾翼及垂直尾翼組成。我們平常搭的噴射民航客機的水平尾翼幾乎都是裝在尾翼的下方，跟垂直尾翼形成一個倒 T 字型。其他種類的飛機像是螺旋槳客機、輕航機和軍機則是因為設計和任務不同而有不一樣形狀的尾翼，甚至有些隱形軍機是沒有尾翼的！那尾翼的功能是什麼呢？尾翼的的英文叫做 empennage，源自於法文，意思是弓箭上的羽毛。顧名思義，就如同箭尾上的羽毛可以幫助箭在發射後穩定的射中目標，尾翼能使得飛機在空中可以穩定地飛行。其實垂直和水平尾翼跟機翼的原理很像，設計上都是藉由空氣動力來穩定及控制飛機。它們之間的差別就在它們所負責的方向有所不同。

　　水平尾翼藉由它前面的水平穩定面（horizontal stabilizer）來維持飛機縱向的穩定。水平尾翼後方可以作動的則是升降舵（elevator）。飛行員藉由升降舵的上下來控制機頭的上下，以達到飛機爬升或是下降的效果。你可以想像一架在空中的飛機就像一個翹翹板，機翼會產生一股往上的升力，但是因為這股上升力在重心的後面，它會使得同樣在重心後方的機尾向上，而在重心前方的機頭向下。水平穩定面的功能

垂直穩定面

升降舵

方向舵

水平穩定面

水平穩定面
角度顯示

輔助動力系統
的排氣孔

✈ 尾翼的結構。〔圖片來源：KVN1777 ∕ Shutterstock.com〕

就是在機尾產生一個向下的平衡力量,使得飛機的縱向可以保持水平及穩定,就像一個持平的翹翹板一樣。升降舵則是可以改變這個向下平衡的力量的大小。升降舵向下打動會減少它的力量,機頭就會往下,飛機就會開始下降高度。升降舵向上打則會增加它的力量,機頭就會往上,飛機就會開始爬升高度。升降舵是一個飛行主操作面,意思是說,飛行員可以藉由駕駛艙裡的操作桿的推或拉來控制,藉由它來操作飛機的姿態。

垂直尾翼由垂直穩定面(vertical stabilizer)和方向舵(rudder)組成的。它很明顯之處是由於民航機通常會有比較大片的垂直穩定面,所以很多航空公司會把公司的商標圖

升降舵

水平穩定面

尾翼

✈ 不同於大型客機,有很多飛機的設計是把水平穩定面和升降舵放在尾翼的上方,也就是所謂的 T 字型尾翼。好處是效能會比較好,但是缺點是比較重,成本比較高,也比較不易維護。

(圖片來源:Markus Mainka / Shutterstock.com)

在這個位子上，從側邊來看，就可以很明顯的識別這是哪一家航空公司的飛機。但垂直尾翼主要是負責在氣流的干擾下穩定飛機的方向，像一個阻尼器一樣。方向舵則是在垂直尾翼上後方的另一個飛行主操作面，它控制著機頭的方向。飛行員藉由方向舵來保持轉彎時的協調性和做側風落地時機頭的擺正。飛行員在駕駛艙裡用腳來踢方向舵的踏板來控制方向舵，左腳會使方向舵向左打，而機頭往左轉，右腳就是往右轉。所以說飛行其實是要手腳並用的！

各位乘客下次搭飛機看到航空公司的標誌時，不要忘記飛機的尾翼除了可以讓你辨別哪一家航空公司以外，其實它還身負著很多的重責大任呢。

✈ 尾翼是飛機很重要的一部分，垂直尾翼也提供航空公司增加企業辨識度很大的空間。（圖片來源：Skycolors／Shutterstock.com）

05. 飛機的發動機是如何運作？

徐浩 Howard

　　飛機之所以會往前飛，都要感謝於牛頓第三運動定律：每一個作用力永遠都會有一個相等的反作用力。而飛機的引擎，簡單來說就是把燃燒過的氣體向後噴射，然後經由這個往後的作用力產生把飛機向前推進的反作用力。日常生活中有很多牛頓第三定律的例子，像是洩了氣的氣球，它飛行的方向跟從洞口排放出來的空氣方向就是相反的。

　　飛機的引擎則是利用特殊設計來製造出推力，大致上我們比較常見的有以下這三種引擎：活塞式、渦輪螺旋槳式和渦輪風扇式發動機。大部分我們搭乘的中長程客機都是使用渦輪風扇式的發動機，這種發動機又可以稱作為高旁通比、高壓縮比的雙軸渦輪風扇發動機。

散熱口

進氣孔

排氣管

✈ 活塞式引擎的小飛機。跟我們車上用的引擎非常類似，散熱口、進氣孔和排氣管都很明顯，加的也常常是汽油。

（圖片來源：Mario Hagen ╱ Shutterstock.com）

渦輪引擎可以分為三個主要部分：壓縮器（compressor）、燃燒室（combustion chamber）及渦輪器（turbine）。壓縮器藉由很多層壓縮葉片把吸進來的空氣不斷加速及壓縮，直到加壓到一個適合燃燒的壓力。接下來，這個加壓過的空氣會進入到許多燃燒室。在燃燒室裡，控制電腦或會依據空氣比例來控制燃油的噴放。噴放出來的燃油會混合著空氣中的氧氣，然後在火星塞的點燃下，在燃燒室裡產生爆炸。爆炸後的高壓及高速的燃氣離開燃燒室後會進入渦輪器和帶動裡面的渦輪葉片。因為壓縮器和渦輪器在同一個轉軸上，被燃氣推動的渦輪葉片會同時轉動發動機前緣的壓縮葉片。運轉的前緣的葉片使得更多的新鮮空氣吸進引擎，穩定整個運作過程的連貫性。最後燃氣會從後放噴射出去，為飛機帶來推力。

螺旋槳式發動機

🛫 渦輪螺旋槳式的發動機。螺旋槳飛機常用於區域性短程飛行，像是國內線的 ATR。（圖片來源：Nattanon Tavonthammarit ∕ Shutterstock.com）

我們平常所看到的發動機其實只是它外圍的風扇而已。那個部分也是為什麼它被稱作「高旁通比」渦輪風扇發動機的原因。所謂的「高旁通比」，就是從壓縮器旁邊通過的空氣比進去壓縮器本身的空氣來得多很多。這個風扇就像一個很大的電風扇，由旋轉的渦輪器來轉動，不斷的把風向後吹。因為經過旁通的空氣不需要經過燃燒就可以產生推力，所以這種發動機可以比較省油，營運起來比較有競爭力。因此，現代飛機製造商大部分在飛機設計上都會選用風扇式的渦輪發動機。

✈ 渦輪噴射發動機。所謂的「噴射機」其實現在沒有在營運，上個時代超音速客機協和號用的就是渦輪噴射發動機。

（圖片來源：Neirfy ／ Shutterstock.com）

風扇

✈ 渦輪風扇式發動機。經典的空中巨無霸 747 就有四座，飛機的推力來自於發動機前方很大的風扇。（圖片來源：Philip Pilosian ／ Shutterstock.com）

特別注意一下，這類的發動機的風扇其實比發動機本體來得大很多，因為主要的推力來自於風扇吹出來的旁通空氣，還有它使用雙軸的設計來驅動兩段式的壓縮機。

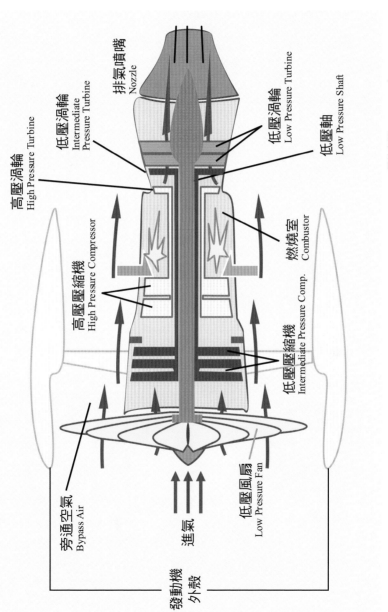

圖片來源：Dorletin／Shutterstock.com

06.

飛機需要鑰匙來啟動嗎？

————————————————————————————— 徐浩 Howard

　　還記得我剛進入航空業、在美國飛行學校學飛的第一堂課。第一次握著小飛機的鑰匙時，我很訝異的發現，其實飛機的鑰匙跟車鑰匙幾乎沒有什麼差異！我跟飛行教練兩個人走到了機邊，然後我很輕鬆的把鑰匙插入孔內，一轉之下，門就開了（說真的，比開車門還要容易）。不過和汽車不一樣的是，發動飛機引擎時，飛行員必須手動控制油門及混油比；但是至少在點火的部分也和發動車子類似；順時鐘的把鑰匙轉動到發動的位子，隨著而來的就是引擎的震動及發動的聲響。其實原因很簡單，就是小飛機用的引擎和一般的小客車一樣，都是四缸的四行程往復式引擎。發動時，需使用鑰匙轉動來啟動，靠電瓶供電給啟動器來驅動引擎，一直到引擎發動為止。引擎發動後，四個行程會自己不斷的循環，提供飛機動力及電力。

✈ 小飛機的鑰匙跟一般鐵打的鑰匙一樣，轉到啟動的位置就會啟動發動機。但是燃油和油門都是手動操作，而非像現代的汽車由電腦控制。

（圖片來源：Amber）

開關

旋鈕

✈ 旋鈕打開啟動器後，飛行員會將上方的開關扳到啟動的位子，燃油將注入燃燒室。轉速達到一定的速度後，渦輪發動機就能夠維持穩定的運作。

（圖片來源：Silverfoxz ╱ Shutterstock.com）

大型的民航客機可就不是這樣啟動的了，因為我們搭乘的中長程客機很多都使用渦輪風扇式的噴射發動機（見單元 05），這類型的發動機是要靠空氣經過加壓器的加壓後，才能夠驅動發動機內部的轉軸。假設使用傳統電力啟動器的話，在靜止的狀態下，自然進去的空氣是不夠給發動機穩定的燃燒的，要不然就要使用非常巨大及沉重的電力啟動器。所以大飛機的渦輪發動機需要一個比較有功效的氣動式的啟動器來啟動。這類型的啟動器靠著加壓氣體去轉動發動機本身裡面的轉軸，轉速達到一定的速度後，前方的壓縮器就能夠吸入足夠的空氣讓燃燒室－點火。點火之後，渦輪發動機就能夠維持穩定的循環，不間斷的進氣及燃燒。

在啟動發動機的過程中，或是我們稱為發動機「開車」的時候，通常是由正副駕駛在駕駛艙裡負責。一般來說，副駕駛要控制啟動器的開關，而機長要控制燃油、決定點火的時機點。在這個過程中，兩位駕駛都要隨時注意著發動機的數據，以防有不正常的狀態發生。如果發動機沒有正常啟動的話，駕駛需要立即做出適當的關車程序。

我們在發動機啟動時，的確不需要使用類似鑰匙的工具（剛剛有提到我們用的是氣動的啟動器）；那這加壓過的空氣在發動機還沒開車前，它的來源又是何方呢？這氣體其實來自於飛機最後方的輔助動力系統，輔助動力系統提供了飛機在沒有接上地面電源和空調時，所需要使用的電及氣。

飛機離開了空橋後，輔助發動機就會負責機上的電力需求，客艙裡的銀幕和閱讀燈都會熄滅；後推時，輔助發動機可以提供加壓器來作為啟動發動機的氣源。在主發動機供氣之前，輔助發動機供給的氣同時是空調系統的氣源。所以在發動機發動時，無法同時供氣給冷氣系統。下次搭飛機時，在飛機後推後，你可以注意一下，當空調系統突然變的很安靜時，很有可能就是我們要準備發動的時候。

✈ 大型客機機尾後方的輔助動力系統。在主發動機啟動前，這套系統提供飛機在地面上所需的電和氣。啟動主發動機時，輔助動力系統負責提供加壓氣體來啟動發動機。（圖片來源：aapsky ／ Shutterstock.com）

07. 航空燃油是什麼？

徐浩 Howard

飛機和很多交通工具一樣，都是靠化石燃料來運作的。我們在單元 05 中有討論過，飛機的推力是藉由渦輪發動機裡燃燒的燃油和空氣而產生，像開車一樣需要加夠油後才能出發。那飛機是加什麼樣的油呢？跟我們平常在加油站加的一樣嗎？

汽車或是機車加的普遍是 92 ／ 95 ／ 98 無鉛汽油，而客機飛機用的燃油不太一樣 —— 汽車加的是汽油（gasoline），而民航機需要的航空燃油（jet fuel）則是煤油類的燃料（kerosene）。

飛機用的燃油因為工作環境的需求和安全的考量，需要比地面交通工具所用的油更加嚴格的標準。而且高空環境氣溫要比地面上低很多，為了防止航空燃油在低溫下結冰，製造商會在燃油裡加一些添加物來降低燃油的凝固點（freezing point）。航空燃油用它結冰的最高的溫度來分級，分為 Jet A 和 Jet A-1。台灣和全世界大部分的國家的機場都是提供 Jet A-1，美國則是提供 Jet A。我們在台灣加的 Jet A-1 可以在溫度攝氏 -47℃ 內的環境下不會結冰，而 Jet A 則是只能到攝氏 -40℃。

車用幫浦加壓設備把油打上去就好了，不用把燃油運輸過來。假設機場沒有地下加油設備的話，通常就要叫特別的油罐車直接把油運到機邊來加。主油箱位在兩個機翼中，趕時間的話，有時會請兩部油車兩邊同時一起加，因為飛一趟長程飛行動輒燃燒掉一百多噸的燃油，算起來一百噸的燃油大約也有 125000 公升，就算是兩台油車一起加，有時加滿油也需要 30 分鐘以上！

加油孔

JET A-1

油管

✈ 有些機場將燃油存放在地下，加油車不需要把燃油運到機邊，只需將燃油加壓打入機翼中的油箱即可。特別注意車身有標示，使用的是 JET A-1 的航空燃油。（圖片來源：Heffalum／Shutterstock.com）

每趟越洋的飛行需要燒掉好幾十萬公升的燃料，一家航空公司一天就可能用掉好幾千萬公升，但是航空燃油畢竟還是化石燃料的一種，每次飛行都會排放非常多的二氧化碳。為了減少航空業的碳足跡，飛機製造商目前還在研發使用其他替代能源的飛機。現今已經有純電動的小型飛機，但民航機要到達使用純電或是其他較環保的能源，在研發上還需要時間。希望在不久的將來能夠看到更環保和永續的航空燃油。

✈ 停放飛機的位子如果沒有加油的設備或儲油管線的話，就會需要請油罐車來加油。

（圖片來源：Ceri Breeze ／ Shutterstock.com）

✈ 自己的小飛機當然是自己加油，尤其小機場多採取自助式加油，不一定會有員工來協助。

（圖片來源：Amber）

08. 襟翼和縫翼是什麼？

徐浩 Howard

　　所謂的襟翼和縫翼就是位於在飛機機翼上的高升力裝置（high lift device）。襟翼（flap）位於機翼的內後緣（trailing edge），而縫翼則是位於機翼的前緣，所以稱之為前緣縫翼（leading edge slat）。這兩個高升力裝置的任務是為了在低速下提高飛機機翼的升力。所以最主要會有兩個時機點會用到：**起飛**和**落地**。

　　襟翼幾乎是每架飛機都會有的高升力裝置，從小型的私人螺旋槳飛機到大型的民航噴射機，機翼的後緣都會配置一組襟翼。雖說襟翼依照樣式及位置有很多不一樣的類型和名稱，但是它們的運作原理都大同小異。襟翼由飛行員依照當天飛行情況來決定要使用多少段的襟翼，因為襟翼以分段式的方法向下延長機翼後緣的弧度，基本上，弧度越大，可增加的升力就越大。在單元 01 中我們有稍微討論到，升力是藉由機翼橫切面的弧度所產生的。所以襟翼把後緣加長，有提升機翼升力係數的作用，進而降低失速速度，使得飛機可以在低速下安全地飛行。增加升力最重要的目的，是為了在起飛時減少所需要的跑道長度，和增加飛機可裝載的重量；落地時，則是為了減少所需要的飛機落地距離。

前緣縫翼就不是每一種飛機都會有的裝置。舉例來說，台灣國內線最常看到的區域性渦輪螺旋槳飛機——ATR，就不需要配置機翼前緣的高升力裝置。縫翼跟襟翼一樣同屬高升力裝置，有著相同的目的。飛機放出縫翼後，可以降低它的失速速度，飛機可在更低的速度下操作，增加飛機在起降時的性能。

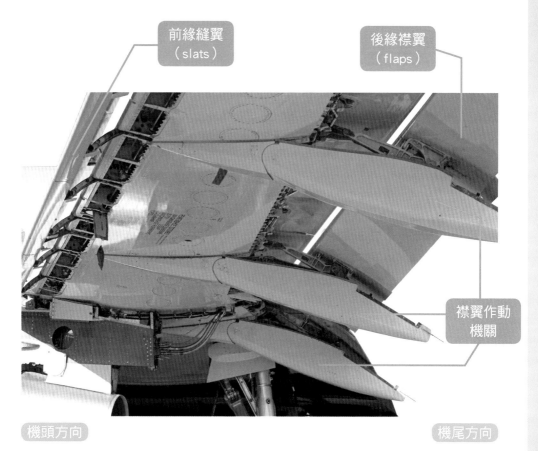

前緣縫翼
（slats）

後緣襟翼
（flaps）

襟翼作動
機關

機頭方向

機尾方向

✈ 一架正在保養中的飛機。從機翼下方很清楚的可以看見前緣縫翼和後緣襟翼。當這兩組裝置完全延伸時，機翼會比一般狀態下更有弧度。平常可以看到機翼下方白色長條型的裝置，就是把襟翼展開的機關。（圖片來源：Skycolors／Shutterstock.com）

襟翼和縫翼基本上會一起操作，大部分的時候由飛行員控制收放。起飛或是降落前，飛行員會依照當天天氣、跑道長度加上飛機本身的重量來做性能計算；假設像是波音的747一樣的大型客機，有好幾段的襟翼可以選擇。飛行員會依照計算後，使用最符合需求的襟翼角度來執行起降。因為襟翼和縫翼放出來後會增加很多的阻力及耗油，所以使用完後，就會把它們完全收回。到達目的地時，則是在進場落地前把它們依速度的減慢而階段式的放出。此時坐靠在機翼窗旁的旅客就可以觀察襟翼及縫翼的作動，下次看到襟翼在延展時，就可以知道我們馬上就要落地了！

✈ 一架波音747起飛。在起飛和落地這兩個階段，飛機需要在低速下能產生高的升力。飛行員會依照當天情況，如天氣和飛機重量來計算所需的襟翼角度。所以不是每次起飛或落地都是用最大角度，需視情況而定。

（圖片來源：Ryan Fletcher ／ Shutterstock.com）

09. 機翼上的燈有特別的意思嗎？

徐浩 Howard

　　你是否曾在夜空下看見飛機從頭上飛過呢？有時候真的有可能把飛機的燈光和天上的星光給搞混，但是還好飛機機翼上有著綠色及紅色的燈，以及不斷閃爍的燈光，使得我們可以很輕易的辨別這些夜光中的旅者們。那這些燈光的意義為何？飛機上又為什麼需要安裝這些燈具呢？

　　航空業從開始就延續了很多航海的傳統及用語，很多飛機上的名詞和組員的制服都由來都可以追溯到以前航海業的歷史，畢竟連航空這一詞（aeronautics）都源自於航海（nautical）。機翼上的航行燈（navigation lights）就是一個很明顯的例子，跟海上的船一樣，不論是大飛機還是小飛機也都需要配置並開啟航行燈。航行燈特別的地方是，左舷（port side）亮著的一定是紅燈，而右舷（starboard side）亮著的一定是綠燈（俗稱「左紅右綠」），這兩個紅和綠的航行燈都是往前方照射的，另外在同一處和機尾的地方還有向後照的白燈。只要知道這些燈的相對位置，飛行員在同高度看見其他飛機就可以很輕易地知道另一方的航行方向。

舉例來說：假如現在在駕駛艙內往外看到遙遠處有一個綠燈，我們可以得知前方有一架飛機正在由我們的左方朝向右方航行，因為我們現在正看向它的右舷。看見三個白光（兩個機翼和機尾的光），代表我們跟在那架飛機的後面。那假如看到是兩個有顏色的光點，左邊綠色及右邊紅色，那就要特別注意了，因為另一架飛機正面對著我們飛來！

　　除了航行燈以外，機外還有不斷閃爍的防撞燈（anti-collision light），在機翼上，我們可以看見白色的閃燈，而機身的上下各有一組會閃或是旋轉的紅燈。晚上的時候，我們還可以注意到飛機垂直穩定面上的標誌燈（logo light）也會開啟，要不然在昏暗的情況下，很難辨別是哪一家的飛機。飛行員要看路的話，會使用滑行燈（taxi light）在機場地面上滑行時使用；落地燈（landing light）則在起飛及落地時可以照亮跑道。以上在飛機上使用的燈，一組燈具一定都會安裝兩顆燈泡，為了防止半路上燒壞一顆燈泡就造成一整組燈具不亮的窘境。

　　順道一提，新型的飛機設計採用 LED 式的燈具，不但比傳統的燈更加明亮而且更耐用，可以提高飛航的安全。下次見到 787 或是 A350 的時候，除了可以叫得出不同燈的名字以外，大家可以看看新式的 LED 燈有沒有特別顯眼喔！

✈ 機翼上的航行燈可以讓大家很清楚的辨識出飛機的左右和方向。這在夜晚
　光線昏暗，較不易看見遠方的航班時，特別重要。

（圖片來源：viper-zero／Shutterstock.com）

✈ 假如你和前面的飛機飛的是同一個方向，你會看到那架飛機後面的三個白
　燈。除此之外，不斷閃爍的防撞燈會增加更多的識別度。

（圖片來源：motive56／Shutterstock.com）

10. 起落架要如何升降？

徐浩 Howard

　　起落架升降靠液壓系統作動，所以需要有幫浦加壓才能操作。升降的時候，飛機必須在已經離地的情況下。這是為了防止飛機還在地面上時不小心把起落架收起來而造成機身的傷害。飛機起飛後，飛行員把起落架的操作桿扳到收起的位子時，起落架的液壓系統這時就會製造壓力運作。

　　為了達到最好的效率，飛機起飛後就會馬上收起落架，而落地前也會在快要到達地面時才會將它們伸放出來。那為什麼有一些小飛機不能收放起落架呢？因為小飛機飛行時間不長，速度和高度都相對較低，而且增加伸放起落架系統的重量和維護的費用其實不太合乎成本，因此一般來說沒有配置的必要。

　　起落架升降靠液壓系統作動，所以需要有幫浦加壓才能操作。而系統設定其作動升降的時候，飛機必須要在已經離地的情況下，這是為了防止輪子在飛機還在地上時不小心把起落架收起來而造成機身的傷害。飛機起飛後，飛行員把起落架的操作桿扳到收起的位子時，起落架的液壓系統就會製造壓力來作動，收起起落架。

起落架狀態
指示燈

升降
把手

✈ 駕駛艙內起落架的升降把手。上面三個綠燈顯示鼻輪與兩組起落架都在正確的位置,而且已經鎖住。把手的形狀很像起落架和輪胎的樣子,目的是為了防止與其他把手搞混。駕駛艙內的所有設計都是結合數十年來的經驗與人因工程而來,為的就是增加飛航安全。

(圖片來源:Extra Galery ╱ Shutterstock.com)

　　第一步,以液壓將起落架解鎖,並且開啟輪艙門;再來,起落架本身會經由液壓系統作動而伸展出來;當一切都到位後,輪艙門會收回並關閉,起落架再次上鎖。這時,駕駛艙內的儀器會顯示三個綠燈,代表三組起落架都已到達定位。這也就是為什麼在電視上會聽到飛行員落地前會說「gear down, three green」的原因,就是要確認起落架有正確伸出至指定位置,接下來就可以安全落地了。起落架的收起則是相反的程序:艙門開啟後,液壓系統作動把起落架折到一個可以藏到機腹中的角度然後再收起。

為了防止液壓系統失效時飛機無法正確放出起落架，飛機上會配置一套備用的起落架降下方法（alternate gear extension）。備用系統很簡單，它利用地心引力直接把起落架丟出來，因為起落架很重，降下來通常不是問題，但是之後就沒有辦法再把它升起來，所以備用系統只能用在緊急的時候。所以說不要小看飛機的起落架，幕後的操作其實是一項不簡單的工程。

紅色
緞帶

✈ 起落架的收放和鎖定靠的都是液壓，除此之外，液壓系統還控制了煞車系統。紅色的緞帶是用來提醒：防止起落架意外收起的插銷還未拔除，必須要在飛行前移除（Remove Before Flight），要不然起飛後起落架會收不起來。（圖片來源：Media_works／Shutterstock.com）

11. 一架飛機的造價是多少？

————————— 徐浩 Howard

目前台灣兩大航空公司的飛機以波音及空中巴士所生產為主。以波音來說，單走道的 737-800 官方售價大約為新台幣 31 億元，長程線主力客機 777-300ER 官方售價大約為新台幣 110 億元。新一代客機 787-9 則要價約新台幣 85 億元。

空中巴士系列的飛機也是相當昂貴的選擇。單走道的 A321 一架也要約新台幣 33 億元，長程雙走道的 A330-300 要價約新台幣 76 億元。最新的 A350-900 一架約新台幣 91 億元。上述的只是我們國際航線比較常搭到的飛機，在機場還是可以看到其他很多類型的飛機，像是國內線最常見的就是 ATR 72-600。這架法國和義大利聯合設計的區域型飛機全新原價約為新台幣 7.5 億元。貨機的話，777-F 一架約新台幣 100 億元，4 顆引擎的 747-400 目前已停產，但根據 2008 的資料，一架大約也需要新台幣 77 億元左右。空中巨無霸，雙層客機 A380 當然也是要價不斐，官方售價一架大約要價新台幣 127 億元！

買這些飛機動輒就好幾百億元，甚至上千億元。為什麼這些飛機會如此的昂貴呢？一架飛機從設計到出廠需要動用到上萬名人員，且所有大大小小的設計和零件都需達到航太規格的最高標準，每一個裝置甚至小到一顆螺絲都要能夠合格才能確保安全。託全球化的福，飛機製造商可以採用全世

界各國最佳的供應商的零件，最後運到本場再加以組裝成飛機。所以我們搭乘飛機的時候，都可以確保這些飛機都是經過專家研發設計、最安全的飛機。

　　航空公司要如何支付這麼大筆的費用呢？其實航空公司跟飛機製造商簽訂買賣合約或是備忘錄時，因為訂單量很大（有時可到 100 多架飛機）的關係，航空公司有辦法拿到優惠很多的價錢。就像一般人購買新車的時候都會談到折扣，很少有人以官方原價購買；而且可能還會利用車貸來分期支付。航空公司亦同，就算是談到了非常好的價錢也會需要透過其他管道來付款購買飛機，常見的兩個方法是：第一，跟

✈ 一架大型客機的生產需用到上萬名員工及承包商。波音的飛機工廠大到就像一座城市一樣，把全世界運來的零件組裝成飛機。我們平常搭乘的客機都是業界中最好、最安全的，所以造價不斐其來有自。

（圖片來源：First Class Photography ╱ Shutterstock.com）

飛機租借公司簽約，飛機由他們購入再由航空公司租借來營運。第二，航空公司自己增資或是貸款來購買，如此一來飛機才會是自己的資產。這兩種方法各有好壞，所以全世界大約有一半的客機是使用以租借的方式來營運。

那我們可以自己買一架飛機嗎？答案是當然可以。大老闆和明星常搭乘的私人商用飛機——灣流 G650，一台要價也要到新台幣 20 億元！當然那是一款非常豪華的飛機。在美國或其他私人小飛機相對盛行的國家，你可以花大約新台幣 250 萬元左右就可以自己擁有一架全新的單引擎小飛機，自己或是帶著另外三位親朋好友一起飛出去玩也不是夢。

✈ 你也許買不了大飛機，但其實小飛機並沒有想像中的昂貴。全新的私人小飛機在美國要價約幾百萬台幣，但二手的可能幾十萬就可以入手了，所以飛行在美國較為普及，也比較容易入門當成興趣。

（圖片來源：Luis Viegas／Shutterstock.com）

第二章

飛機操作
的知識

12. 飛機如何起飛？

　　飛機從跑道起點開始加速到離地的那一瞬間，雖然只有短短幾分鐘的時間，在這關鍵的一刻，巨大的飛機成功地抵抗了地心引力而展翅高飛。自從 100 多年前萊特兄弟發明了第一架飛機以來，人類便開始了在天空中旅行的路程，而學會起飛更是這一切的開始。

　　單元 01 提到，飛機會飛是因為機翼提供了升力，但是起飛又是如何辦到的呢？飛機首先會先在滑行道上排隊等候起飛順序，繁忙的時可能要等半個小時以上！等到塔台給予進入跑道的許可後，飛機這時才可以進入跑道，這一切都是為了確保每個起飛及降落的航班之間都有安全的間隔。確保前一班起飛的飛機飛得夠遠後，塔台會再給一個起飛的許可。這時候機長會將發動機轉到最大的推力，準備起飛；而在機上的乘客很明顯可以馬上感覺到發動機巨大的力量和聲音，飛機開始加速。

　　大家都知道飛機要快才飛得起來，就像紙飛機一樣，飛機要有向前的速度才會飛。原因是依據空氣動力學，飛機的機翼和尾翼都要有足夠的空氣粒子流動經過才能產生力。所以當飛機越跑越快，而越來越多空氣粒子接觸到飛機時，機翼的升力會越來越大，尾翼的舵和升降翼也會有更大的力

量。而當速度夠快時，就代表升力已達到可以克服飛機的重量，這時飛行員會做一個「仰轉」的動作。飛機就像一個蹺蹺板，一般都是維持在一個平穩的狀態。仰轉時，升降翼會降低使後方產生往下的力量，而機頭會仰起，這時飛機便向上飛起。

飛機起飛並不是一件容易的事，起飛時會面臨到許多挑戰。飛機起飛時會處在於當趟之中最大重量的時候，因為載滿了航行所需的燃油，所以會非常重。加上起飛用的跑道不可能無限長、而且還要預留緊急剎停需要用到的距離，所以每一趟飛行任務，簽派員和飛行員都要確認跑道適用於今天的飛機重量和天氣條件。再說，天氣和風向不可能每次都

✈ 一架起飛的 747 可以重達 400 多噸，全靠那一對強壯的機翼飛機才有辦法飛起。你可以想像飛機就像一個蹺蹺板，而控制角度上下的關鍵就在於尾端的水平尾翼。（圖片來源：Thiago B Trevisan ╱ Shutterstock.com）

好，尤其是下雨時跑道較濕滑，在國外冬天時也要考量到結冰濕滑的跑道。風向的話要注意到側風的影響，在跑道上，側風會把一邊的機翼吹起，造成飛機偏離，這時就需要尾翼的方向舵來修正。但是方向舵能夠修正的風量有限，所以當側風大到一定的程度，飛機就無法在完全安全的情況下起飛，可能會造成航班延誤。

　　了解了飛機如何起飛後，接下來要知道的是第二重要的事，也是我們在下一單元會提到的：要如何從空中回到地上——落地。

✈ 機場的跑道不可能無限長，每天的天氣也都會不一樣。飛行員與簽派員需要計算每次起飛落地的飛機性能來確保航班的安全。假如有超過安全範圍的部分，就需要修改飛行計畫，嚴重的話就必須延誤起飛。
　（圖片來源：Alex Brylov ／ Shutterstock.com）

13·飛機如何落地？

———— 徐浩 Howard

　　一趟旅程最令人期待的部分莫過於在飛機落地的那一刻，不論是出去旅遊好不容易抵達一個新的國度，還是遊玩後盡興的回程歸國，我相信每位乘客的心情都是愉悅的。對飛航組員來說，落地雖然是一段飛行的尾聲，但卻是非常關鍵的一刻。畢竟飛機在成功的起飛後，要如何安全的回到地球表面也是一項不簡單的挑戰。

　　我們所謂的落地是指當飛機進入跑道上方大約 3 層樓的高度後，從起落架著地、飛機開始滑行和煞車，一直到飛機完全停住或是脫離跑道的一整套過程。而在這一套落地程序中，每一個環節和動作都要能夠在標準作業程序內才能確保飛航安全，畢竟飛機的速度很快，操作起來有其難度。

　　剛準備落地的飛機會放出襟翼、開始不斷的減速，一直到完成了落地的姿態和減到規定的速度。飛機這時處於一個進場下降的過程，保持約為 3° 的角度。3° 聽起來似乎是一個很小的角度，但畢竟不是直升機或是電梯，飛機需要一段距離來平穩的下降它的高度。以民航機來說，這時的下降速率通常落在每分鐘 1,000 呎以內，大約為每分鐘大約下降 80 層樓的高度。飛行員會以儀器和目視來對準著地的位子，這時的關鍵就是要把原本的下降率轉換到非常小到的速率，要不然飛機會以太大的能量著地。因為民航機的設計，

落地前的機頭已是保持在往上的姿態，在落地時需再把機頭抬起一些，才能緩和下降率。有機會看到大型的鳥類落地的話，其實也可以觀察到跟飛機落地的時候有類同的地方。

　　飛機最後帶著殘留的下降率速度而著地，起落架這時就扮演著緩衝的角色。一個落地的好壞其實跟落地的輕盈程度無關，有時飛行員需用比較有感的方法落地以增加輪子和跑道面的接觸，這在道面濕滑或是結冰的情形時格外的重要。大側風的天氣也會增加落地操作的動作，因為風會把飛機吹偏，飛行員在即將落地前需用方向舵把飛機轉正。網路上有很多影片就是在顯示大側風落地的航機，從外面看起來特別精彩。著地之後，飛機要盡可能趕快減速，飛行員會啟動引擎的反推力。反推力藉由改變引擎推力的方向來煞車。這就是為什麼落地後好像會聽到引擎加速的聲音，其實像是打了倒車擋似的。減速還會利用機翼上的減速板。起落架著地後，減速板會抬起導致升力淺少跟阻力增加。最後，飛機要靠輪子上的煞車減速到停住或是安全滑行的速度。

　✈ 大側風時，假如要直直地往前對著跑道飛，飛行員其實需要面對風來的方向飛一個側風修正的角度，但是在落地幾秒前，飛行員會把飛機轉正。有時候在地面上看起來，其實還蠻戲劇化的。
　（圖片來源：Zhorova Oxana ／ Shutterstock.com）

飛機落地跟鳥類的落地其實有類似之處；落地時需把頭抬起，才能緩和下降率和速度，要不然著地的能量會太大。

（圖片來源：motive56；Mark Byer ╱ Shutterstock.com）

14・飛航有哪些階段？

徐浩 Howard

　　每趟飛行必經過起飛、爬升、巡航、下降，最後落地。飛航組員在每一個階段都有不一樣的任務要達成。

　　起飛是從飛機進入跑道開始，到離地進行離場程序為止。在進入跑道前，空服員需完成起飛前的準備工作，像是做完安全示範和確定乘客已在位子上把安全帶繫妥；飛行員需要確認客艙已準備好，然後等待塔台的許可後才能進入跑道開始起飛。起飛後，飛行員會依照離場的程序，使飛機在必要的時候轉彎和在特定的點到達指定的高度，最終飛離機場終端區域。

　　離場程序的設計是為了航機起飛後可沿著一個既定的路線飛行，以確保避開障礙物或是特定的區域。塔台的管制員在飛機起飛後會把飛機轉交給近場台的管制員，管制員就像是交通警察般地指揮著機場附近的航機，必要時給予飛行員高度、速度的限制或轉彎的指示，來有效的引導空域內的航機。在爬 14 升的同時，飛機會開始加速。在客艙內你可以聽到液壓系統開始作動，提供力量來收起起落架和襟翼。飛行員稱這個步驟為「收外型」，就是為了把飛機調整成低阻力「乾淨」的型態，接著飛機會不斷的爬升直到達既定的巡航高度為止。

飛機通常會巡航在平流層中，高度大約為 10,000 公尺以上。這裡的氣流較為穩定，是一個航班花最多時間的地方（除非是很短程的飛行）。假如氣流穩定，機長會視情況關掉安全帶的指示燈，這時你可以好好享受客艙裡的服務。巡航一段時間後，你可能會發現飛機偶爾會稍微的爬升。那是因為飛了一陣子後，隨著燃油的消耗飛機會越來越輕。簡單來說比較輕的話可以爬到更高的高度以增加飛航的效益。巡航時，飛機會以自動駕駛為主，而組員們也會開始輪休以準備到達目的地後的工作。

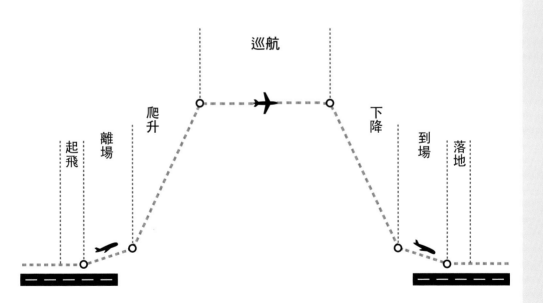

飛航階段示意圖。（圖片來源：陳怡君／繪）

飛機在即將下降前，機長通常會廣播更新最新的資訊。這時，飛機會由目的地那方的飛航管制員來指揮；下降時，飛機也是會沿著既定的進場程序，而飛行員要確保飛機飛在限制的高度速度。下降時，隨著減速，飛行員會開始放出「外型」，就是指展開襟翼和放下起落架。下降進場的最後就是進入落地的程序。

　　每趟飛行都會有這 5 個重要的階段，下次搭機時看看你可以認出目前飛機處在哪一個過程。

✈ 除了機長的廣播之外，客艙內的安全帶指示燈也是一個可以讓大家知道現在飛機飛到哪個階段的指標。通常到了巡航高度，而且氣流也穩定時，安全帶指示燈就會熄滅。航機下降高度準備進場和落地前，機長也會用燈號來提醒客艙。（圖片來源：KatMoy ╱ Shutterstock.com）

15 · 飛機可以倒車嗎？

徐浩 Howard

　　普通的車子可以倒車、大卡車可以倒車、火車和船都可以倒車，現在甚至連有些機車都可以倒車了，但是你曾看過飛機倒車嗎？雖然簡單的答案是飛機不能倒車，但其實嚴格來說有些飛機是有辦法辦得到的。

　　首先，飛機為什麼需要倒車？因為飛機不是倒車入庫的，所以出發時必須要倒回到滑行道上才能出發。而且因為飛機起落架上的輪子和汽車不同，飛機的輪子不會自己轉動，而是要靠引擎提供的推力來移動；所以飛機要移動時，引擎不但要吸進很多空氣而且還會向後噴射強烈的氣流，而為了避免造成人員和設備的傷害，飛機必須要拖到安全的位子才能開始移動。這個拖飛機的作業我們稱為「後推」。後推要靠地面拖車推著飛機的鼻輪且由地面上的工作人員協同飛機上的飛行員共同完成的。地面上的機務要確定飛機到達定位後引擎啟動都沒問題後才會離開。飛機出發後基本上是不會需要倒車的。

　　那為什麼說其實有些飛機是可以倒車的呢？我們在單元13 有講到飛機落地時會使用反推力來減速。反推力的原理就是利用引擎裡面的機關把原本應該往後噴射的氣流導向前方來達到減速的功用。螺旋槳的飛機則是利用改變螺旋槳的葉片角度來製造反推力，也就是所謂的「反槳」。嚴格來說

當反推力或是反槳開到一個程度後，飛機應該會自己開始後退，但是使用反推力要用到很大的推力才能使飛機倒退，想必製造出來的噪音也會相當的驚人。加上剛剛提到的引擎氣流在航廈附近會增加很多安全上的問題，所以飛機不會在跑道上面以減速為目的以外的時候用到反推力。

下次飛機後退準備啟程時，不要忘記還有地勤人員不論颱風或下雨在機輪邊協助飛機倒車，就為了能讓飛機能夠順利的啟航。

氣流方向

✈ 飛機落地後，發動機會轉向反推力。原本往後的排氣會被導向前方，使飛機向前的推力變成向後的反推力。這就是為什麼落地後反而會聽到發動機的聲音變大，飛機這時其實是在減速而不是加速。

（圖片來源：DimaBerlin／Shutterstock.com）

✈ 螺旋槳的飛機也有類似的功能。仔細看螺旋槳的葉片，你會發現它們其實是有角度的。葉片的角度控制著螺旋槳的轉速，也就是發動機的馬力。葉片反轉的話，產生的推力也會反向，使得飛機減速。

（圖片來源：Longfin Media／Shutterstock.com）

✈ 雖然飛機有反推力或是反槳的能力，但是從空橋後推（push back）還是要靠拖車來執行。不要小看這些拖車，它們小小的車身是可以移動一架巨大的飛機的。（圖片來源：Kevin Peng）

✈ 有時候飛機後推（push back）會使用無拖桿式的拖車，這類型的拖車會把飛機的鼻輪整顆抱起來。（圖片來源：于倉和）

16. 空中可以煞車嗎？

— 徐浩 Howard

　　飛機要在地面上煞車很容易，因為在地面時可以使用輪子上的煞車系統，其實跟路上的汽車非常類似；那飛機在天空中的時候有辦法減速嗎？基本上飛行中的飛機有三種方法可以減緩它的速度。

　　巡航的時候，航管為了因應航路飛機間隔的距離會請求航機減速，或是當遇到高空較不穩定的氣流時，飛行員可能會降低空速。這個時候飛行員會藉由降低引擎的轉速來達到減速的目的。比較慢的轉速會降低引擎輸出的推力而速度就會開始慢慢的降緩下來。但也不是說可以無限的放慢速度，因為每一架飛機都要維持一個最低的速度，要不然升力會不夠安全飛行。

　　飛機還可以藉由改變仰角來改變速度，但這限於在爬升或下降的時候。像是在爬升時，引擎推力不變，飛行員會增加飛機的仰角來加大飛機的爬升率，這時飛機的速度會開始下降，因為有部分的能量被交換成爬升率。同樣的道理，下降進場的時候，需要減慢的話，飛行員可以減少下降率來達到減速的效果。可以想像你在騎腳踏車上坡時，假如你踩踏板的力量不變的話，斜坡越陡，你的速度就越慢。

飛行員還有一招可以直接的在空中煞車，那就利用機翼上的擾流板來達到空中減速的目的。我們在單元 03 有討論到擾流板是裝在機翼上的一個設備。擾流板由液壓系統來作動，使用時會在機翼的上方站立起來。這時機翼的升力不但遭到破壞，而且阻力會增加非常多。想像一下原本非常流線的飛機突然之間多好多凸出來的板子，想必飛機的速度會減慢許多。擾流板屬於比較積極的減速方法，通常只有下降進場時會用。所以乘客下次搭飛機下降高度時，假如剛好在靠機翼的位子時可以觀察一下減速板的操作。

擾流板

在空中其實不會用到所有的擾流板，因為只要稍微抬起一點阻力就會大增，因此它是飛機準備落地、需要同時下降高度和減速時很重要的工具；落地後所有的擾流板都會舉到最大角度，以減少飛機落地的距離。

圖片來源：OlegD；Jay Fog／Shutterstock.com

✈ 圖中的機長正在使用擾流板。操縱桿看起來很像手剎車一樣，減速的力道可以依照當下的情況而調整大小。

（圖片來源：Hananeko_Studio／Shutterstock.com）

17. 為什麼民航機飛不到外太空？

—— 徐浩 Howard

　　我們搭的民航機飛行高度大約在 30,000 到 40,000 呎，換算起來有超過 10 公里的高度了。但是以地球大氣層來說，飛機只不過是飛在第一層對流層的頂端和第二層平流層的底部而已，離飛到太空其實還差很遠哩！那為什麼飛機不再飛更高一點呢？有辦法飛到外太空嗎？

　　其實飛機是無法飛到外太空的。假設拿火箭和跟飛機比較的話，很明顯的差別是，飛機有機翼而火箭沒有。單元 01 中有提到，飛機的飛行主要靠的是機翼。機翼要有空氣分子的流動才能產生升力，而大氣中的空氣分子因地心引力的緣故則大多聚集在對流層中。隨著高度的增加，空氣也會變得更加稀薄，靠機翼飛行的飛機就會有高度的限制。

✈ 太空梭的機翼其實是讓它重返地球後落地在機場用的。機翼需要有空氣才能產生升力，因此在太空是無法飛行的。太空梭要藉由火箭才能升空然後進入地球軌道，重返地球大氣層後，太空梭就會變成一架滑翔機，降落到機場跑道上。（圖片來源：Everett Collection ／ Shutterstock.com）

我們平常肉眼看不到的空氣分子可以載起整架飛機，是不是難以令人想像？但你可以想想颱風天時，那巨大的風也是由空氣組成的；因此當沒有空氣時，飛機也飛不起來了。那為什麼以前的太空梭有機翼呢？太空梭的機翼其實不是給他在太空飛行的，它的目的是給太空梭重返地球後落地在機場用的。同樣的道理，機翼要在空氣中才有功用。

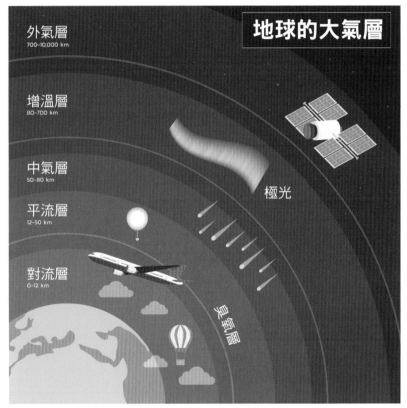

✈ 地球的大氣層，包含對流層、平流層、中氣層、增溫層、外氣層。

　　地球上絕大部分的空氣都在最底層的對流層裡，這也是為什麼大部分的天氣現象，包括雲和亂流都在對流層。平流層的空氣就相對比較穩定一些，所以長途飛行的飛機會巡航在平流層的底部，大約 10 到 12 公里的高度。這個高度會隨天氣和季節而變化，再往上空氣就會變得太過稀薄。飛機飛行還是需要依靠空氣來運作，所以無法飛到更高的高度。

（圖片來源：Andramin／Shutterstock.com）

還有一個很重要的原因來自引擎。飛機的引擎不論是螺旋槳還是風扇式的，都需要有氧氣才可以燃燒。就如同杯子裡的蠟燭一樣，假如把杯子蓋起，蠟燭就會因為缺氧而熄滅，飛機的引擎也是需要氧氣才可以持續的燃燒。而飛機引擎也需要有空氣分子才可以產生推力，所以隨著高度的上升，飛機引擎的效能也會不斷的下降；火箭之所以可以不受這方面的限制是因為火箭會自己運載引擎燃燒所需的氧氣，所以它可以飛到太空中。

　　雖然我們無法搭飛機到外太空，但是從 30,000 呎的高空我們也可以享受到舒適的航程。在平流層裡，氣流較穩定而且比較少遇到不穩定的雲或對流，我們在這個高度也可以順著太平洋高空的噴射氣流飛以大幅減少航行時間。

18. 民航機可以飛到超音速嗎？

徐浩 Howard

　　當我們在 30,000 多呎的高空中飛行時，窗外的一切景物都變得非常渺小，而我們也會發現其實速度是非常快的。如果現在我們從台灣的南方飛回桃園國際機場，你在右手邊才剛看到高雄，你就可以預期大約在 30 分鐘內會降落。要不是落地前要減速的話，其實還可以更快，其實很多民航機在條件好的情況下可以飛到時速 800 公里以上！但是那麼快的速度下有超過聲音的速度嗎？自從協和號在 2003 年 10 月 24 日在倫敦落地後，就再也沒有超音速的客機可以搭乘了。

　　目前我們所搭乘的客機巡航速度約為 0.8 馬赫。所謂的馬赫數就是指你的速度與音速的比例，1.0 馬赫就是等同於音速，超過 1 馬赫才會到超音速。所以我們一般飛行的速度其實是接近音速但非超音速。協和號則是可以最快飛到 2 馬赫，整整比聲音快上兩倍。以 2 馬赫巡航的話，從紐約到倫敦只要大約 3 個小時的時間！台北到洛杉磯，平常要 12 個小時的航班，要是搭乘協和號的話，可能只要 5 個小時就到了！但是享受這麼快的飛行是有個很大的代價的，協和號上的一個位子，換算到今天的價錢，大約要快 20 萬新台幣，而且沒有經濟艙的選擇，全機 100 多個位子全採用頭等艙！

如此昂貴的票價之下，不難想像以前這些協和號很多時候都不是以滿載的情況下飛的。營運這些超音速的客機其實對航空公司而言是很不划算的。而且還有一個最主要的原因，就是噪音問題。因為超音速的飛行會產生音爆的現象，所以很多地方是不允許客機以超音速的速度飛過陸地產生音爆的噪音問題，所以航空用超音速飛機能飛的航線就相對的有很多的限制。

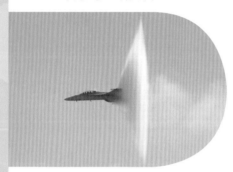

　　圖中的戰機已達到超音速狀態。當飛機突破前方被擠壓的空氣面，就是我們俗稱的「音障」，因為壓力差的關係，飛機的後方會產生水氣凝結成為雲霧的特殊現象。而超音速飛機經過的地方都可能會聽到「音爆」的現象，這個噪音不但對人體有害，還會造成房子的傷害。
（圖片來源：SVSimagery／Shutterstock.com）

　　雖然說現今沒有超音速的客機可以搭乘，但是我們搭乘的飛機在其他方面其實比協和號還更加先進。也許飛得沒有那麼快，但是在載客飛航方面相對省油、安靜及舒適很多；更重要的是航空公司有辦法販賣更有競爭力的票價，使得大眾都有機會出國旅行。即便如此，誰不想飛的更快呢？也許在不久的將來，飛機製造商可以研發出可以解決噪音問題的新一代超音速飛機，讓我們重返超音速旅行的時代。

　　超音速客機——協和號是結合了英國與法國當時最高航太科技的時代經典。因為航行時飛的速度超過音速，所以它的機翼和我們現代的客機很不一樣，協和號的機翼比較像戰機的三角型機翼。（圖片來源：Graham Bloomfield／Shutterstock.com）

19·飛行員用什麼來導航？

徐浩 Howard

飛往美國的航路上，放眼望去只有看不到盡頭的太平洋。有時就算飛了好幾小時，除了航路上經過的一些雲以外，根本就不會看到其他的景物。在跨洋飛行，完全沒有地標的情況下，飛行員要如何導航才不會迷路呢？

其實飛行員靠的是飛航管理電腦來確保飛機隨時都在計畫航路上，這一套強大的管理電腦藉由內建的資料庫和飛機上其他的設備來計算出導航飛機性能所需的數據，像是飛機所在方位、預計到達時間、預計剩油及最佳高度和速度。飛行員必須隨時監控飛機目前的飛行狀態是否與飛航管理電腦顯示內容及飛行計畫有所出入，假如有什麼不一樣的地方就必須要找出原因。比如說，假設飛航計畫中經過台南的時間比實際上多了 1 分鐘，也就說我們今天早到了，這時飛行員需要確認可能今天的實際的尾風比計畫中的還要大，所以到達時間會比較早是正確的。

精準的導航必須要有精準的定位，也就是說，要知道路要怎麼走，你先要知道你目前的位置在哪。而飛航管理電腦同時會使用慣性、地面導航台或全球定位系統衛星來準確的算出飛機的所在經緯度。慣性系統藉由飛機上的陀螺儀，在不需經由外界提供資訊下，計算目前的位置。因為是計算出

的關係，所以離最後一次校正時間越長，可能發生的誤差就會越大。為了校正慣性系統的誤差，飛航管理電腦會以其他定位系統中的數據，像是由地面導航台提供的地位資料。地面導航台像一個無線電台一樣，會不斷的對外廣播，但它播放的不是音樂節目，而是它的所在位置。飛航管理電腦能夠使用定位台所播放的訊號來推算出當下飛機離定位台的距離與方位。假如這時可以同時收到兩個定位台的訊號，飛航管理電腦就可以更加精準的計算出現在的方位。假如完全飛離岸邊，大海中沒有導航設備的話，飛機還是可以藉由全球定位系統衛星來定位。事實上，由於衛星定位十分精準，絕大部分的導航都是靠衛星來的，所以就算是離岸很遠了也不用怕會迷航。

現代的飛機靠的是機上的飛航管理電腦來導航。電腦會自動控制導航的設備，不論是衛星、地面導航台或是飛機內建的慣性導航系統；導航畫面會顯示在駕駛艙中間的顯示器上。中下方則是有導航管理電腦和鍵盤給飛行員輸入的介面。現代的系統會把所有資料整合起來，讓飛行員可以一目了然地看見飛機目前的位置和狀況。

（圖片來源：Stanislaw Tokarski ∕ Shutterstock.com）

陽明山鞍部的極高頻多向導航台是一個地面上的無線電導航台，它提供給飛機這個站台的所在方位以及距離。飛行員或是導航電腦照著導航台提供的資訊，就可以推算飛機現在所在的位置。飛機的航路也是根據這些導航台所提供的資訊畫出來的。現在託全球定位系統衛星的福，飛機可以用更精準的導航設備來飛行，飛行在沒有地面導航台的地方也不是問題。

（圖片來源：fabg）

20. 為什麼飛機可以在看不見的情況下落地？

徐浩 Howard

在台灣，每年的春天都是起霧的季節；清晨的時候，常常會有很濃的霧，外島地區，濃霧往往都要快到中午了才開始退散。濃霧最直接的會降低機場的能見度，這對飛機的起降會造成很大的影響及挑戰。所以為了降低能見度對航空的影響，航空站都會設置多套儀器降落系統及精確進場的程序，再加上航管的導引，來確保航班在低能見度的情況下也能安全的落地。

儀器降落系統主要利用兩套地面電台上發射的訊號來導引飛機到達跑道頭。第一個比較重要的是跑道定位台。它的目的是為了告訴飛機跑道頭的位置以及現在飛機相對於跑道是在中心位置的左邊還是右邊的地面系統。第二套系統則是提供飛機高度指引的滑降台，它會從跑道航機預定著陸的位置、打出一條自跑道延伸出來的隱形斜坡訊號，大多約為 3° 的斜率。駕駛艙裡的儀器會結合定位台及下滑道的訊號，飛行員就可以精準依照儀器降落系統把飛機落在跑道上。

除此之外，儀器降落系統還會利用跑道燈光系統來輔助飛行員。跑道燈光的顏色和排列都經過特殊設計，目的是在低能見度的情況下提供給飛行員充足的資訊：像是跑道中間的線、邊線和滑行道的燈會用不一樣的顏色區分；跑道頭用的是綠燈，但跑道底的燈用的是紅燈，來區分跑道的兩個末

機場精確進場設備是一整套包括無線電和跑道燈光的系統，目的是能夠在低能見度的情況下導引飛行員落地，或是提供飛機自動駕駛足夠的導航訊號來完成全自動落地。（圖片來源：Kevin Peng）

跑道定位台負責發送跑道平面的位置。依照不同的頻率訊號，飛機駕駛艙裡的儀表會告訴飛行員，現在飛機相對跑道的中線是偏左還是偏右。
（圖片來源：Kevin Peng）

端；跑道頭還會有一連串的燈光來導引飛行員進場。為了在天氣不佳的情況下做出最好的判斷，飛行員必須要能判別這些燈光和電台所提供的訊息，一旦飛機有偏離的情況或是能見度下降到標準以下，就要放棄落地、進行重飛。

　　儀器降落系統依照它的最低的視程距離和決定高度可以分為三種等級。視程距離簡單來說，就是跑道上的能見度；而決定高度是指是否要放棄進場的高度，兩者都是越低越好。第一類屬於比較常見的等級，視程距離可以到 550 公尺和決定高度到 200 呎；也是說要在這條跑道上降落，天氣最差只能到這個程度，假如濃霧厚到 550 公尺外都看不見的話，或是飛機飛到 200 呎還是無法飛出雲霧，就必須要重飛。第二類進場的視程距離可以到 300 公尺和決定高度到 100 呎，台灣的桃園國際機場最強的儀器落地系統就屬於第二類。第三類又可以再細分到 A、B、C 三種，全部最低可以完全在看不到跑道的情況下安全的落地。

　　要完成在完全看不見的情況下落地，而為了因應春季的濃霧，桃園機場的 05L 跑道未來將會升級到第三類 A 級的儀器降落系統。機場的設備不但要精準，飛機的自動控制設備也需完整，才能確保飛機可以由自動駕駛安全落地。

✈ 高雄小港機場 27 跑道的下滑道訊號發射台，它負責告訴飛機現在是否太高或太低。進場時，飛機要能夠維持一個穩定的下降速率。假如受到天氣或是其他情況影響，導致飛機太高或是太低的話，飛行員會放棄落地、從頭再來一次，或是轉降到其他機場。（圖片來源：Simon Tsai）

✈ 儀器落地系統需要很多地面上發射的訊號，為了不要干擾到正在落地的航班，還在地上的飛機會停在訊號保護區外。圖中顯示的是 24 跑道第二／三類儀器降落系統的停止線標示牌。（圖片來源：Route66／Shutterstock.com）

第三章

空中航務
的知識

21. ETOPS 是什麼？

—————————————————— 周沄枋 Emily

　　剛開始學飛行時，身為 747-200 退休機長的爺爺常跟我說：「航行中飛機壞了一顆引擎有什麼關係，先喝杯咖啡，再回來看看發現了什麼問題，反正還有三顆嘛！」

　　在以前，執行長程飛行的飛機，都有至少三顆引擎，我們的空中女王 747 甚至有四顆引擎。即使一顆引擎失效，還有兩顆或三顆引擎可以用來執行飛行任務，聽起來確實是不太需要緊張；但現在國際上的主力長程機隊多是以雙引擎機種為主，如果其中一顆失效，風險就很驚人了。

✈ 以前的飛機多為四顆引擎，如圖中的空中女王 747。（圖片來源：Kevin Peng）

所以，當工程師喊出雙引擎可以越洋的時候，想必大家應該都很驚訝吧！廠商為了證明他們所製造的引擎是很可靠的，即使只有一顆引擎，飛機也能執行勤務，便展開一連串測試，航空界也發展出「雙渦輪引擎延展航程作業標準」（Extended-range Twin-engine Operational Performance Standards，簡稱 ETOPS）。ETOPS 初始是設計給雙引擎的，所以雙引擎的噴射機都適用。不過後來，美國聯邦航空總署（Federal Aviation Administration，簡稱 FAA）把這個規範也廣泛使用在多引擎的飛機上。

ETOPS 作業係指一航路之作業，其航路中包含有一點，距一適當（Adequate）機場之距離，以核准之單引擎故障巡航速度（於標準大氣狀況及靜風下）飛行逾 1 小時以上。

—— 中華民國民航局（CAA）

✈ 777／787 是目前波音公司雙引擎機種跨洋航線的主力。

（圖片來源：motive56／Shutterstock.com）

ETOPS 是以時間為認證單位，例如 ETOPS-120，就是指雙引擎飛機在執行飛行任務時，於雙渦輪引擎延展航程作業區域內，當兩顆引擎有其中一顆失效的時候，還有另一顆可以在規定的 120 分鐘內，把飛機安全帶到飛行計畫中所選擇的備降場站，像是台北飛美國這種跨洋飛行就要執行 ETOPS 喔！不然，如果在以前沒有 ETOPS 作業的年代，台北飛美國就必須沿著日本、俄羅斯、阿拉斯加以及加拿大陸地外海飛了！

　　要執行 ETOPS 的機種與航空公司必須分別事先跟民航局申請，得到許可，才可以執行。航空公司在執行 ETOPS 飛行時，在飛機維修、放飛條件、機上裝備等等都會有更嚴格的把關，當然飛行員與簽派員也要做 ETOPS 相關專業訓練，才可以執行，以確保整趟飛航安全。

　　747 機種是擁有四顆引擎的經典機種；當初雙引擎機種誕生並要飛越跨洋航線時，頗受世人質疑，飛機製造商才用 ETOPS 來驗證飛行的能力與安全性。波音（Boeing）跟空中巴士（Airbus）針對他們所製造的雙引擎噴射機也都會每年做 ETOPS 的試驗，確保航機的安全。

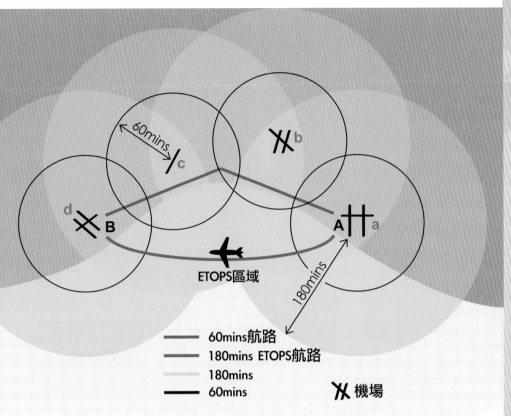

	60mins航路
	180mins ETOPS航路
	180mins
	60mins

✖ 機場

✈ 從上圖可以看出要從A點到B點,在沒有執行ETOPS的情況下,必須沿著以陸地上的a、b、c、d四座機場為圓心所畫出的60分鐘半徑圓區域飛行。如果執行ETOPS,即可將圓半徑擴大為120分鐘,甚至180分鐘,飛行航線更有效率。(圖片來源:陳怡君/繪)

22. 天空上有路嗎？

———————— 周沄枋 Emily

　　偌大的天空隨著飛機越來越多，不可能讓飛機隨心所欲地飛行，因此必須要有路。天空是一個三維的空間，其實能夠利用的地方非常多，就如同平面道路與高架橋交疊，如此一來可以形成多向道，進而容納更多的飛機量。

　　舉例來說，打開美國天空航圖，可以發現航路有分為軍用與民用的航路，航路依照高度還可分為目視飛行（低高度）使用及儀器飛行（高高度）使用。在歐洲，同一條路也有分低

✈ 航圖上記載了各種飛行的航路與航點。
（圖片來源：YellowPix／Shutterstock.com）

高度航路及高高度航路，藉由名稱的更改而辨別。

　　天空上的路稱之為「航路」，並且有垂直分層，稱之為「空層」（Flight Level，簡稱 FL），如美加地區以 18,000 呎為分界點，18,000 呎以上可以簡寫為 FL180，24,000 呎即可寫為 FL240，各地區不全然相同。一般來說往西飛是雙數層，即 FL180、FL200、FL240 等等，往東飛是單數層，即 FL190、FL210、FL230，當然也是有許多例外，所以這些航路上關於高度、方向、速度的規定都會詳細寫在航圖之中，

當飛行員及簽派員在製作飛行計畫時，要特別注意航機所使用的是什麼高度的航路及其限制，才不會在天空中意外被改路，造成額外油量的耗損。

另外，簽派員常會提到「太平洋上的五線譜」（如下圖），指的是航空人對於太平洋上五條平行航路的統稱，由北而南分別是 R220、R580、A590、R591 與 G344，這五條航路就如同太平洋上的國道，幾乎所有跨越太平洋的航班都會使用它們。此外，由於太平洋、大西洋實在太大了，為了方便調度，航管也有提供跨太平洋、大西洋的公版路，稱為 track。每天都會由負責的航管單位發布，供簽派員及飛行員們參考。

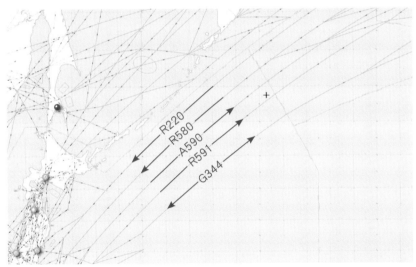

✈ 所謂北太平洋上的五線譜，由上至下依序為：R220、R580、A590、R591、G344，是跨越太平洋時經常使用的航路。
（圖片來源：http://SkyVector.com/，免費航圖網站 SkyVector 提供全世界航圖服務。）

免費航圖網站
SkyVector

雖然說天空上的航路與地面上的路不同，它們是無形的，無法用肉眼看出，但我常跟身邊的人說，其實你可以到航機監控網站（Flightradar24），把地圖縮小，這些一架架飛機排成如同磁力線般的圖形，就是你在找的航路了！

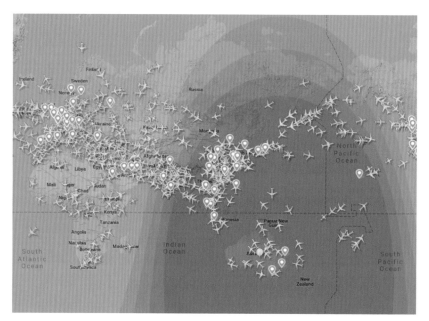

✈ 天空中的航路雖然是無形的，但從 Flightradar24
　上的飛機排列，可以隱約看出航路位置。
　（圖片來源：https://www.flightradar24.com/，航機監控網站
　Flightradar24 可顯示全球的飛機航班狀況。）

航機監控網站
Flightradar24

23. 飛機越來越多，天空沒有越來越大怎麼辦？

———————————————————— 周沄枋 Emily

　　在地面上，我們常常遇到塞車的狀況，尤其是上下班尖峰時刻，都好想把車子往天上開來避過這些車流。那麼天空這麼大，飛機會不會塞機呢？答案當然是：「會。」

　　一般客貨機飛行的高度約在 10,000 呎至 45,000 呎，乍聽之下很難想像在天空上會塞機，但隨著跨國旅遊、商務行程日益增長，空程早已不敷使用，所以在儀器的輔助下，也發展出 RVSM 及 PBN 系統，縮短飛機間的垂直與水平之間的安全距離，以增加同時間可以容納的「機流量」。

　　「縮減垂直隔離」（Reduced Vertical Separation Minima，簡稱 RVSM），與傳統的「垂直高度隔離」（Conventional Vertical Separation Minima，簡稱 CVSM）相對。CVSM 要求航機於 29,000 呎（FL290）以下保持 1,000 呎隔離，29,000 呎（FL290）以上保持 2,000 呎隔離，而 RVSM 的定義是在飛航空程 29,000 呎到 41,000 呎之間，將飛機間的垂直間隔縮小至 1,000 呎。這個制度旨在提供飛機飛行航程及油量的規畫上能有更多空間與彈性，因為在同一個區域內保障安全的同時，能使用的航路會增加，當然就可以容納更多飛機，並使飛行更有效率。

但是在 RVSM 系統下，要如何維持飛機的飛航安全呢？首先，飛機必須經過民航局認證，需要配有符合規範的「高度測量設備及防撞系統」（TCAS）；飛行員及簽派員也須經過 RVSM 課程訓練，以習得 RVSM 知識與作業方式；此外，飛機也要做定期檢查、功能性飛航測試及維護檢查程序。在這樣層層把關的機制之下，以確

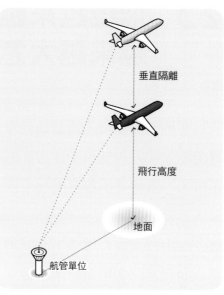

垂直隔離

飛行高度

地面

航管單位

✈ 飛機之間的高度會有垂直間隔距離，RVSM 的發明就是為了在安全的情況下，縮短飛機與飛機之間的垂直距離，以達到天空中更大的飛機容量。

（圖片來源：Zern Liew ／ Shutterstock.com）

保飛航安全。也並非所有區域都可以執行 RVSM，根據國際民航組織 ICAO 相關規範，目前可以實施 RVSM 的空域包含北大西洋 RVSM 空域、太平洋 RVSM 空域及西大西洋航路系統。

　　「性能導航」（Performance Based Navigation，簡稱 PBN），顧名思義就是一種導航模式，藉由飛機上的儀器❷確保飛機能夠精準保持在預定飛航位置；執行 PBN，其對飛機導航能力會有要求，也就是「導航性能需求」（Required Navigation Performance，簡稱 RNP）。例如 RNP10 定義為：

---

❷ 機上需備有 2 套高度測量系統和 1 套自動高度控制系統。

航機具有在 95% 以上的飛行時間，能準確保持在與航道間隔 10 海浬以內的能力。不同的航路有不同的 RNP 能力限制，例如，北太平洋上的航路多為 RNP10 的航路，在這樣的規畫下，水平距離就可以因為航機能準確回報位置，而讓航管人員有更多帶飛的空間。

有了 RVSM 和 PBN 系統，航空人員在規畫及使用航路上就有更多選擇，也更有效率，搭乘飛機的我們才能有一趟舒適又安全的旅程。

傳統航路	RNAV	RNP

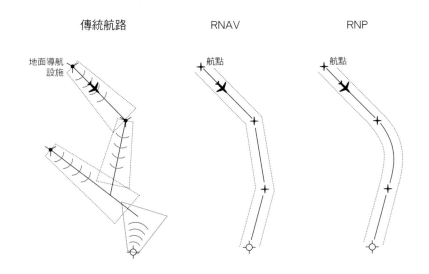

✈ PBN 系統讓航路規畫及航管帶飛上可以更有效率與彈性。如上圖所示，早期飛機必須依循地面信號站，使用一個點一個點串成航路；現在使用「區域航行」（Area Navigation，簡稱 RNAV）及 RNP 等以 GPS 為基礎的定位系統，航機使用的航點可以定位經緯度，讓航路使用上更順暢，達到最大化效益。（圖片來源：陳怡君／繪）

24. 空中的地圖是誰畫的？

———————————————————— 周沄枋 Emily ————

　　地上有地圖，空中也是有地圖的，但是空中的地圖長什麼樣子呢？相信很多人都有這個疑問吧！

　　天空中的地圖，正確的名稱應該叫「航圖」，它其實比地面上的地圖還要複雜許多，因為不只是二維空間。空中地圖還要加上不同高度，是三維錯綜的，好在有一家「傑普森公司」（Jeppesen），專門出品航空圖，讓航空人員使用。不過，這位 Jeppesen 是何方神聖呢？為什麼大家都用他出品的航圖？

　　Erley Borge Jeppesen 生於 1907 年，18 歲便加入飛行表演團開始飛行生涯，但當時飛行的風險很高，因為並沒有任何路線的資料可循，幾乎都是靠地面上的地標，用「航位推算法」（Dead Reckoning）來飛行，更別說在天氣不好時，落地等飛行動作更是難上加難。當時在 Boeing Air Transport 擔任航空郵件運送飛行員的 Jeppesen 認知到這件事，便花了 10 分美金買了一本筆記本，將他飛行過的機場、路線等資料一一記錄下來，甚至花時間做田野調查，將附近的地形、山頭標高都寫在筆記本裡，而且還要了當地願意配合的農民的電話，以提供附近的天氣資訊。很快地，他開始將這本筆記本裡的資料複印並販售給同事，對於大家來說，裡面不僅僅包含空域內的資訊，Jeppesen 更自己設計了各機場的重飛

程序，讓大家即使在視線不佳的情況下，也能精確地知道該轉什麼航向、什麼高度來避開地形，安全地重飛。

後來，Jeppesen 加入了聯合航空，仍舊繼續記錄著航圖的相關資訊，隨著需求日益增加，Jeppesen 和妻子便在 1934年設立了航圖公司──Jeppesen & Co.。他所任職的聯合航空汰換了原本自編的航圖，改採用他編寫的航圖作為公司飛行員使用的官方航圖，就連在二次大戰期間，美國軍方也是指定使用 Jeppesen & Co. 編寫的航圖。

✈ 美國丹佛機場的傑普森（Jeppesen）銅像。
（圖片來源：quiggyt4／Shutterstock.com）

稱傑普森（Jeppesen）為我們現今航空業的先驅絕對不為過，他不僅為飛行員編寫彙整了完整可信的航圖，重飛程序的設立更是讓飛行員的工作多了一份很大的保障。Jeppesen 曾說，他最大的成就，莫過於收到飛行員的感謝。例如有位飛行員曾經這樣跟他說：

Jepp, you saved my life, made my flying safer and easier, and given me great confidence on those dark, stormy nights. （Jepp, 你拯救了我的人生，讓我的飛行生涯更加安全和容易，而且讓我在那些黑暗和暴風的夜晚裡也倍感自信。）

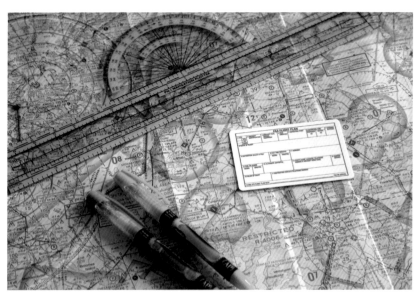

✈ 多虧傑普森（Jeppesen）當初把自己的筆記整理起來，變成航圖與大家分享，我們現在才有天空的地圖可以用。
（圖片來源：Jeremy R. Smith Sr. ／ Shutterstock.com）

25. 航管如何一目了然航機的航路及設備？

—— 周沄枋 Emily

　　我的工作就是在每架班機起飛前製作一份專屬的飛行計畫，依照當天航機的重量、沿途天氣、各空域飛航公告及各種考量去規畫航路。即使從台北飛到東京，每天的航路也不盡相同，為了讓管制人員能提前安排，我需要在起飛之前就將飛行計畫送達給各個管制單位。不過，各家航空公司使用的飛行計畫製作軟體都不相同，格式也各式各樣，各國航管又是如何一目了然航機的航路及設備呢？

　　為了解決不統一的問題，各國及國際民航組織（ICAO）針對飛行計畫有規定一個制式的表格，裡面依序要標明航機的呼號、電碼、目的地／出發地、離到場程序、航路、機載裝備（ie.RNAV 能力）、機型、機尾亂流分類、請求巡航空層與速度日期等。

　　天空劃分區域由不同國家的航管人員負責管制，所以簽派員製作好飛行計畫後，便會將其轉換成 ICAO 飛行計畫，登錄進 FIS 系統，拆解成文字格式進入 Fly Data 系統，然後再轉換成「飛行計畫管制條」（Flight Plan Stripe）❸，所以到了航管人員手中，他們便可以快速辨別並給予許可。此外，天空上的某些航路有協議的使用高度及方向規定和機載設備要求，就如同假日的國道必須實施高乘載管制，沒有乘

---

❸以前是紙本形式，現在已經改為電子格式。

坐三人以上就必須行走其他道路一樣。在天空中，如果無法達到該航路的要求，也是會被航管改路的，避免造成航機之間隔離的誤差。

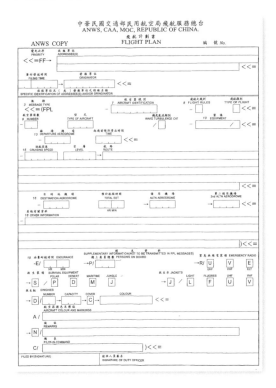

✈ 依照民航局飛航服務總台的飛航計畫書填寫每個空格，就能製作出一份包含所有飛航管制單位所需要的航班資訊。

| 機型 | | 台北離場時間 | | 至各航點預估時間 |

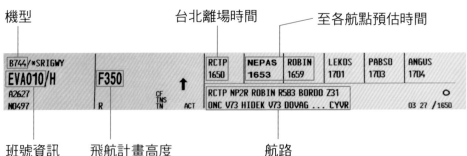

機型			台北離場時間	至各航點預估時間				

```
B744/*SRIGWY              RCTP  NEPAS  ROBIN  LEKOS  PABSO  ANGUS
EVA010/H      F350        1650  1653   1659   1701   1703   1704
A2627              CF↑
N0497      R       TNS ACT RCTP NP2R ROBIN R583 BORDO Z31          o
                   TN      ONC V73 HIDEK V73 DOVAG ... CYVR    03 27 /1650
```

班號資訊　　飛航計畫高度　　　　　　　航路

✈ 紙本飛行計畫管制條，上面記載了機型（B744）、班號資訊（EVA010）、飛航計畫高度（F350）、台北離場時間（RCTP1650）、至各航點預估時間（NEPAS1653、ROBIN1659……）、航路（RCTP NP2R ROBIN R583 BORDO Z31 ONC V73 HIDEK V73 DOVAG...CYVR）。（圖片來源：陳妍君）

ICAO 飛行計畫中的最後一欄是備註欄，便是我們簽派人員對於航機的加註，可以讓航管人員知道在航路的簽放上是否有特殊需求。例如當西岸天氣不好的時候，我會這樣規畫：從平常走的 W4（台灣西岸航路）改成 B591（台灣東岸航路），這時就會在備註欄中寫上：RE RTE DUE TO TYPH（reroute due to typhoon），讓航管人員知道改路的原因。

雖然 ICAO 飛行計畫對於大眾來說相對陌生，但它其實是每趟航班背後的重要功臣，扮演著簽派、航機與航管之間重要的溝通角色。

✈ 航管人員在管制中心，藉由螢幕即可得知航機裝備與能力，並給予監控服務。（圖片來源：Burben／Shutterstock.com）

26. 各國航管如何跟飛行員溝通呢？

周沄枋 Emily

　　常常有人問我，要進入航空業最重要的能力是什麼，我的回答絕對是「英文」，不會有第二個。飛行員、簽派員、航管、乘客都來自世界各地，航空也是一個全球性的產業，彼此間的溝通必然要制定一個共通的語言——也就是英文。此外，不只語言要共通，為了避免誤會，甚至連詞彙、順序都得標準化。

　　管制員與飛行員溝通上的誤解，可能對飛航安全造成危害，所以才會統一以英文為航空界共通的語言，甚至連英文字母與數字的唸法都有航空專用的標準版本（如 101 頁圖）。除了有規定通用的語言外，跨越不同飛航情報區進行航管交接時，也必須要通報規定的飛航資訊——班號、航機高度、位置、電碼（squawk code）都是不能少的。然而即使已經規定到如此標準，還是有發生人為疏失的可能，因此，國際間在陸空通訊管理上也是不斷創新，希望將人為疏失降到最低。

陸空通訊及管理中常見的設備系統有無線電、ADS-B OUT/IN、CPDLC。無線電是我們最熟知的陸空通訊方式，即透過 HF 和 VHF 進行陸空的溝通，只要航機有配載無線電設備，就可以使用。然而無線電雖然方便使用，卻有一個缺點，就是一次只能一方發言，若是遇到有人佔頻、插話等狀況，容易導致指令及溝通的差錯。現在空中的交通量越來越大，繁忙的空域更是容易遇到這些問題。

PHONETIC ALPHABET
INTERNATIONAL MORSE CODE

ALPHA	• —	NOVEMBER	— •
BRAVO	— • • •	OSCAR	— — —
CHARLIE	— • — •	PAPA	• — — •
DELTA	— • •	QUEBEC	— — • —
ECHO	•	ROMEO	— • —
FOXTROT	• • — •	SIERRA	• • •
GOLF	— — •	TANGO	—
HOTEL	• • • •	UNIFORM	• • —
INDIA	• •	VICTOR	• • • —
JULIET	• — — —	WHISKEY	• — —
KILO	— • —	X-RAY	— • • —
LIMA	• — • •	YANKEE	— • — —
MIKE	— —	ZULU	— — • •

✈ 航空英文字母對照表。（圖片來源：Panggabean／Shutterstock.com）

「廣播式自動相關監視」（Automatic Dependent Surveillance-Broadcast，簡稱 ADS-B），可分為 OUT（空對地傳出）和 IN（地對空傳入）兩個方向，屬於一種監視系統。目前 ADS-B OUT 系統被廣泛利用在空中交通管理上，藉由航機每秒對地面接收站廣播航機的飛航資訊，再由接收站傳遞給航管人員。而 ADS-B IN 則是可以接收來自地面上傳的天氣、附近航機等資訊，但因為需要比 ADS-B OUT 更多設備才能達成 ADS-B IN 的功能，目前並非所有飛機都有裝載並使用 ADS-B IN ❹。

✈ 台灣桃園國際機場的新舊塔台。塔台管制人員就是在這裡面監看離場及到場的班機，所以他們絕對擁有最佳視野。（圖片來源：@aviation_kevin）

---

❹目前進出台灣的航機，為配合亞太地區航行規畫與執行小組（APANPIRG）的計畫，要飛航於 FL290 以上的航機，須具備 ADS-B OUT 的能力。

管制員——飛行員數據鏈通訊（Controller-Pilot Data Link Communication，簡稱 CPDLC），顧名思義這個系統是提供給航管人員與飛行員溝通使用。這個系統就像是雙向簡訊，航管人員與飛行員可以透過交換封包資料進行對話、請求飛航許可等，而非用傳統無線電的方式，這樣就可以提升同一時間之內空與地的對話量，也可以避免在無線電中被其他航機對話打斷的情況，減少溝通失誤。ADS-B 系統及 CPDLC 是新世代的陸空通訊及管理模式，有了電腦科技的輔助，航管人員與飛行員之間的溝通就會更加便利順暢，也能減少一些工作量。

✈ 區域管制員會在區域管制中心透過雷達監控航機，並透過無線電與航機溝通。（圖片來源：Angelo Giampiccolo ／ Shutterstock.com）

27. 一趟航班會有備用計畫嗎？

———————————— 周沄枌 Emily

　　我們平常出國旅行肯定會有備案吧？例如本來預計去海邊玩沙、做日光浴，如果不小心遇到下雨，就改成在飯店咖啡廳看看書、喝杯下午茶，雖然計畫總是趕不上變化，但是有個備案總是令人安心許多。飛機載著大家出遊，各種商務旅行、貨運也都要仰賴它，更是要避免再避免出差錯：航班即使隨時都有可能發生任何變化，也都一定會有個備案。

　　先從組員開始說起。每天，航空公司的人力派遣單位，手上一定會有一份當日待命的前後艙組員名單，如果有任何一個當班組員無法出任務，就會立刻安排待命組員上工，稱之為「抓飛」。因為我的家人都是飛行員的關係，常常一通電話就被抓飛，要立刻換上制服、提著行李箱去公司報到，所以對於這兩個字，我的體會可是深得很啊！

　　再來是飛行計畫。在飛行計畫中，依照法規，簽派員必須為航機規畫備用的油量，以備不時之需（例如因不預期的天氣狀況而被更改航路時所需的用油），也要在飛行計畫中為航機選擇合法可使用之備降機場，如果因為任何因素導致航機無法順利抵達目的地，備降站就會派上用場。另外如單元 21 介紹的 ETOPS，也是備降站的規畫，所以飛行計畫中也會有沿途備降站及目的地備降站的天氣預報、飛航公告等相關資訊，而且這些備降站事先都要經過民航局許可，確認

✈ 飛行員行前簡報時就會從簽派員手上拿到當班的飛行計畫，裡面會包含備用油量、備降機場等資訊。（圖片來源：palawat744／Shutterstock.com）

✈ 颱風是台灣夏季常見的顯著危害天氣，容易造成航班起降的危險、甚至轉降，此時飛行員就會考慮使用備降站。（圖片來源：elRoce／Shutterstock.com）

符合備降站的資格並同時考量天氣狀況，才能成為飛行計畫中合法可使用的備降站。

最後是飛機硬體的部分。有時候可能安排好的飛機，機上設備臨時出了狀況，導致無法執行飛行任務，這時，航空公司就會調度其他飛機來出任務，也許會加開航班，或是放大機型、用更大的飛機執飛，這些都是為了要將旅客及貨物準時地載至目的地。又或者在飛機上，許多系統都至少會有2套，為的就是在主要系統出錯時，可以有一套備用系統，讓飛機能繼續執飛，比如說：你知道駕駛艙裡面還有一個傳統的指南針嗎？

讀到這裡，是不是覺得航空業這個系統很讓人安心呢？因為幾乎不容許出錯的特性，導致航空這個產業從法規上就有許多針對「備案」的規範。雖然每一條法規，都是來自於前人的犧牲與經驗，但也因為他們，我們才能享有一趟趟安全且安心的航程。

28. 如何決定機場跑道的方向？

周沄枋 Emily

　　一座機場最重要的設計大概就是跑道了吧！跑道是飛機起飛落地的地方，也是機場存在最主要的目的，但是就算以 10°為單位也有 36 個方向，到底要怎麼決定各機場的跑道方向呢？

　　首先我們來認識一下跑道的命名方式。一座機場裡有至少一條以上的跑道，而跑道是雙頭的，常常可以聽到航空人簡稱跑道為 05/23 或者 01/19，這些簡稱其實正是由跑道方向簡化而來。例如跑道一頭是朝向磁偏角 050°角，那麼另一頭肯定是反向的 230°角，去掉後面的個位度數，便能得到 05/23 這個簡稱。此外，如果在同一座機場裡有二條以上相同方向的跑道，那麼在相對位置中，左邊那條就會在後面加上一個 L，右邊那條就會加上 R，在中間的則會加上 C，例如台灣桃園國際機場裡的兩條跑道方向皆相同，便分別稱為 05L/23R 及 05R/23L。嘉義水上機場的跑道，則會在數字後加上 W 方便辨識。

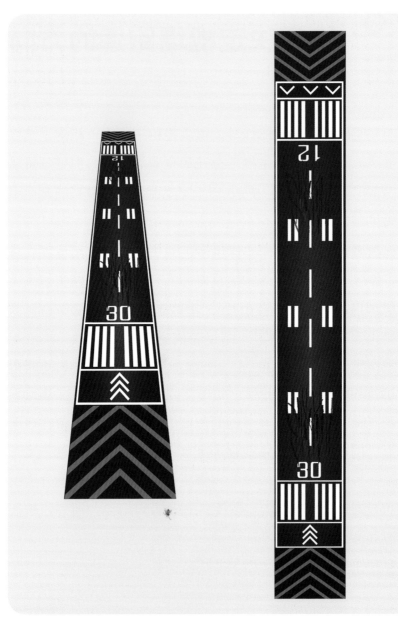

✈ 一條跑道都有兩個方向，如同圖中所示，30 代表方位 300° 的跑道方向，12 代表方位 120° 的跑道方向。爸爸教過我航空人快速計算跑道方向的口訣：加 20 減 2，或是減 20 加 2。舉例：30 − 20 ＋ 2 ＝ 12，是不是很快就算出另一頭的跑道方向了呢？

（圖片來源：EarthScape ImageGraphy ／ Shutterstock.com）

決定跑道方向的因素有哪些？首要條件絕對是風向。如同前面單元 12、13 所提到的，飛機起飛和降落，都和機場的風向有著密不可分的關係，因為飛機在側風太大的情況下是無法落地的，最好的風向便是逆風。因此，當機場要決定跑道方向時，會先收集當地的風向資料，以台灣桃園國際機場為例，台灣冬天多吹東北季風，夏天吹南風，所以，桃園機場就是選擇 050°/230° 來當作跑道方向，這樣才能在多數時間都以頂頭風的方向起飛降落。若是某些地區風向不定，則會規畫兩條以上不同角度的跑道來提供飛機起降。甚至像是東京的兩個機場——成田機場與羽田機場，彼此的跑道方向即互相垂直，因為東京機場的風向與風速真的是出名地亂，如此一來兩個機場的跑道便能彼此互補。

飛機都需要逆風起飛，風向對於跑道的設計是非常重要的考量。
（圖片來源：容展平）

風襪

機場跑道旁也會設置風襪（wind sock），方便飛行員判斷風向與強弱。風襪一格代表 3 節風左右，整條飛起即代表 15 節風。
（圖片來源：fabg）

除了風向，機場的地形也是重要的考量，如果真的因為地形的限制而無法遵照逆風起降，也只能順著地形去蓋，因為跑道的坡度不能太斜，會影響飛機起飛和落地所需要的跑道長度。有些軍機場因為訓練或軍情考量，也會特別設計有別於逆風的跑道方向。

✈ 紐約甘迺迪國際機場（JFK）由四條互相垂直的跑道組成，除了可以應付龐大的飛機流量，也能順應不同的風向安排飛機起降。（圖片來源：EarthScape ImageGraphy／Shutterstock.com）

29. 什麼是 NOTAM？

周沄枋 Emily

　　NOTAM 的全名是 Notice To Airmen，意指「給飛行員的通告」，功用正如同它的英文意思，是一種由本地地面航空單位提供給飛行員與飛航運作相關單位共同資訊的方式，中文稱之為「飛航公告」。飛航公告的發布者通常為機場、各國民航局及各空域的管制單位，發出 NOTAM 通常有下列原因：

- 對飛行構成危害的狀況：
  例如空域內的軍事演練、空域關閉等
- 機場狀況：
  跑道或滑行道關閉、跑道縮短、機場相關操作指示等
- 地面導航設施故障或檢修而無法使用
- 障礙物高度、位置警示
- 機場附近有臨時出現的障礙物，最常見的即為鳥類移動
- 機場跑道／滑行道／機坪積雪、積水的狀況，這類公告又可稱為「SNOWTAM」

✈ 機場下大雪時，時常造成機場跑道關閉除雪的狀況，這時便會於機場 NOTAM 中發布相關資訊。

（圖片來源：Thomas Bethge／Shutterstock.com）

NOTAM 是公開的資訊，即使是一般民眾也可以上網查到各個機場及空域發布的 NOTAM。而實務上，簽派員在製作每趟飛行計畫前，都會將起、降場站及備降場站，還有沿途會經過的空域所發出的 NOTAM 細讀過。飛行員來報到時，他們也會依照飛行計畫中附有的 NOTAM 來進行簡報及重點提示，確保此趟飛行任務能夠安全順利完成。

　　那麼，如果有 NOTAM 是在飛機起飛後才臨時發布的呢？例如之前印度及巴基斯坦邊界衝突時，兩國邊界附近的空域臨時關閉，當時這個消息便是透過 NOTAM 的發布，通知全世界的飛航運作相關單位。但是，已經在天空中的航班是無法直接取得這條 NOTAM 的，這時必須透過簽派員用電報或是衛星電話的方式，與天空中的航機取得聯繫，告知他們這項突發狀況。這也就是平常簽派員在做的「航機監控」工作（見單元 35）。

✈ 航班出發前，簽派員會跟飛行員簡報當天機場、沿途經過的領空所發布的 NOTAM 是否對航行有影響。（圖片來源：周沄枋）

第四章

航空氣象
的知識

30. 雲有分種類嗎？

———————————————— 周沄枋 Emily

　　每天看著天空裡的一片片雲朵，我總是喜歡運用想像力，把它們化為一隻小狗或是一頭獅子。天空就像畫布一樣，而雲彩就是那隻畫筆。但在美國學飛時，我對天空上的雲有了更進一步的認識，也對它們改觀——雲朵不再是我白日夢的一部分，而是成為今天能不能飛上天空的關鍵。

　　雲是由微小水滴或冰晶凝結聚集而成，對於飛行安全的威脅在於能見度及其結構性能的影響。雲可以用高度、形狀來分類：

· 依高度

低高度：距離地表 6,500 呎所形成的雲

中高度：距離地表 6,500 呎至 20,000 呎間的雲

高高度：距離地表 20,000 呎以上的雲

· 依形狀

層雲（stratus）

卷雲（cirrus）

積雲（cumulus）

低高度中常出現的包含層雲（stratus）、層積雲（stratocumulus）、雨層雲（nimbostratus）及霧，它們多由水滴或是過冷水滴（supercooled droplets）形成，變化大是它們的特性，容易造成低能見度、低雲幕，甚至使飛機結冰（icing）。

中高度的雲有高層雲（altostratus）及高積雲（altocumulus），這邊的水氣相對於低高度的水氣要來得穩定，所以飛行大多飛在這個空層或是以上，但它們還是會為飛機帶來亂流及結冰的情形，所以在飛行途中一樣盡量避免。

高高度的雲有卷層雲（cirrostratus）、卷積雲（cirrocumulus）及卷雲（cirrus），這個高度的空氣相當穩定，卷雲家族也多是冰晶組成，對飛行較無實質的威脅。

✈ 卷層雲（較高處）＋層積雲（較低處）。（圖片來源：劉新恩）

最後還有二種積雲，是橫跨三個高度的積雲（towering cumulus）、積雨雲（cumulonimbus），這種是大家最不樂見的。它們是垂直發展的積雲，代表著空氣中帶有大量水氣，相當不穩定，因此容易造成不好的天氣現象，如閃電、降雨、低能見度、微爆流等等。此外，在高高度的積雨雲會產生亂流，對於飛行來說是莫大的威脅，絕對是能避就避。

對於當初學飛的我來說，每天早上起床，第一件事就是拉開窗簾，看看天空上的雲，聽機場天氣觀測來判斷，是否會因雲幕太低而無法達成目視飛行（VFR）的條件。而對於後來成為簽派員的我來說，要觀測的不再只是本地低高度的雲幕，而是全世界的天氣狀況，所以上班前要打開衛星雲圖，看看航路上是否有高高度的積雨雲，或是飛機起降機場的天氣預報是否有低雲幕的狀況。同樣是水氣組成的雲，對於站在不同崗位的我來說，也是如此多面向，必須用不同角度來觀測，才能看見它的全貌和威脅；就如同小時候，一朵雲從這面看像狗，那面看像獅子一樣千變萬化、難以捉摸。

✈ 積雨雲，這種雲通常是飛行員會選擇避開的，因為裡面水氣多、對流也旺盛，較不穩定。（圖片來源：CZC）

31. 大自然如何幫飛機省時又省油？

—— 周沄枋 Emily

　　說到這個問題，答案就是「噴射氣流」！噴射氣流是一種位於對流層頂附近的高速氣流，它形成的主因有兩個：太陽輻射及科氏力。太陽輻射對地表照射不平均，導致空氣產生溫度差，溫度高的空氣會往溫度低的地方吹，因而產生氣流，尤其在副熱帶（約北緯 30°）及中高緯度西風帶，因為溫差大，而易產生高速氣流。科氏力則是因地球自轉，大氣與地表摩擦產生的力，最容易觀察到的柯氏力對氣流的影響，就是在北半球的氣旋是呈現逆時針向外旋轉，而非直線向外擴散的氣流。

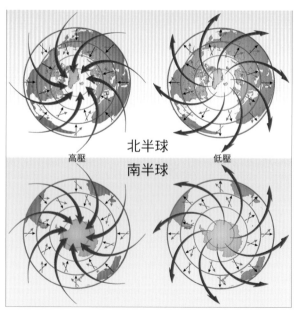

北半球

南半球

高壓　　　　　　　　　　低壓

✈ 柯氏力造成南北半球氣流旋轉，產生噴射氣流。

（圖片來源：Fouad A. Saad ╱ Shutterstock.com）

盛行風

✈ 因為太陽輻射照射不均，產生氣流。

（圖片來源：Fouad A. Saad ／ Shutterstock.com）

所以，當太陽輻射不均導致高空中產生高速氣流，再加上科氏力，便會產生往東吹拂的噴射氣流，形狀會受氣壓影響，呈現像河川一樣蜿蜒的型態。一般來說，噴射氣流的風速可以達到 100 多節以上，若再搭配西風帶的加持，那麼噴射氣流就會更加強勁，而其盛行的地區也多為中高緯度的高空。

　　就如同前面所說，噴射氣流是往東吹拂，具有方向性，所以若是往東的航班能配上噴射氣流的加持，絕對是一大助力，等於風幫了引擎一把，既省時又省油；若是往西的航班則是相反，在航路規畫上便要避開噴射氣流，否則逆風會造成很大的阻力。

　　雖然噴射氣流可以使飛機的航程省時節油，但越強勁的噴射氣流會伴隨越不穩定的風切，尤其會出現在噴射氣流的左右兩側，也就是我們俗稱的晴空亂流。特別是在兩道噴射氣流交會處（相間緯度 5°左右）與噴射氣流轉彎處，最容易發生晴空亂流；晴空亂流目前只能依靠模式預報來進行預測，並且憑藉飛行員回報來更精確地警示航機。

　　亂流是飛行員在天空中盡量能避就避的未爆彈，是影響飛航安全的重要考量之一，因此，在追隨噴射氣流的同時，也要注意附近的亂流區，才能確保航機安全，省時又經濟！

32. 高低壓及氣溫對飛機的影響是什麼？

—— 周沄枋 Emily

　　當人爬到高山上時，有可能會引發高山症，因為空氣比較稀薄，需要花費更大的力氣來維持身體機能；我們在前面的單元 05 和 17 都有提到，飛機的引擎是靠壓縮空氣並點燃而產生推力，那麼高度及溫度是否會影響到引擎的表現呢？

　　答案是會的。空氣雖然看不到也摸不著，讓人習以為常，但是其實空氣無時無刻都對我們的身體施加壓力，這就是所謂的「氣壓」。不過，並非全部地表的氣壓皆相同，氣壓的高低也會受到高度及溫度的影響。在高海拔的地方，因為空氣較低海拔的地方稀薄，同一單位面積上的空氣分子較少，產生的氣壓會較低；反之，在低海拔地方，同一單位面積上的分子較多，氣壓值就會較高。而溫度則會改變空氣分子之間的距離，因為熱脹冷縮的關係，溫度較高時，空氣分子膨脹，分子間的距離就會變遠，同一單位面積上的分子就會減少，形成低壓；反之，氣溫低時，空氣分子緊縮，分子緊密靠攏在一起，就會形成高壓。

✈ 在同一單位面積上，低海拔處上空的空氣分子較多，氣壓值較高；高海拔處上空的空氣分子較少，氣壓值較低，空氣較稀薄。因此，氣壓值會隨著高度增加而遞減。（圖片來源：chemistrygod／Shutterstock.com）

對於飛機引擎來說，引擎的點燃是靠壓縮並燃燒空氣分子，產生能量。當高壓時，同一單位面積中含有的空氣分子較多，引擎能燃燒的效能比較好；反之，處於低壓環境時，同一單位面積中的空氣分子較少，引擎效能就會變差。

台灣夏天時天氣炎熱、氣溫高，這時氣壓值就會比較低，尤其當有熱帶低壓（也就是俗稱的颱風）籠罩時，飛機性能受到影響而變差的狀況就很明顯。引擎效能差，飛機起飛所需的距離會變長，爬升梯度會下降，最大起飛重量也會下降。

另外，在世界上一些比較高海拔的地方也是有機場在運行的，但是因為位處高海拔，低壓環境對於當地飛機起降的性能也有高度上的影響。在法規上，可以依照高度將這些機場分為兩種：一般高原機場（海拔高度 4,922 呎至 7,999 呎）及高高原機場（海拔高度 8,000 呎以上）。這些特殊作業機

場多分布在喜馬拉雅山脈及安地斯山脈附近，其中目前紀錄海拔高度最高的的民用機場，是中國四川的稻城亞丁機場（海拔高度 14,472 呎）。

　　如同前面所說，因為高度越高、氣壓越低，飛機引擎的效能就越差，甚至還有可能受地形限制而跑道較短。除此之外，這些高原／高高原機場的氣候環境瞬息萬變、日夜溫差大、地形複雜，都對飛機的起飛與降落有著潛在的威脅，所以要執飛這些機場的機長，也必須經過特殊的資格訓練才能執行起降；簽派員在製作飛行計畫時，除了要充分掌握航路及機場的天氣與預報外，也要特別注意起飛重量的限制並嚴謹計算航機效能、即時監控，確保安全。

✈ 因為位於高海拔地區且地勢險峻，帕羅機場塔台的位置與視野更加重要。
（圖片來源：甘芝萁）

✈ 不丹帕羅機場是不丹唯一一座國際機場，因為附近地形關係，本身也是一座高原機場（海拔 7,332 呎）。正因為群山環繞及高海拔地勢，使得帕羅機場成為全世界最難操作的機場。（圖片來源：甘芝萁）

33. 航空氣象有什麼特別之處？

———————————— 周沄枋 Emily ————————————

　　對於飛行員及簽派員來說，每天上班前的第一件事就是打開航空氣象資訊網站或是手機上的軟體，快速審視一遍今天運航場站的 TAF、METAR 還有 SIGMET。這三個縮寫相信對於航空人和航空迷來說絕對不陌生，它們分別代表的是場站天氣預報、場站觀測天氣及顯著天氣。

　　但這些資訊是怎麼來的呢？

　　首先，我們來介紹一些常用來參考的航空氣象資訊：

1. 天氣預報圖

包含全球分區的各高度顯著天氣圖、地面分析圖。

2. 顯著天氣預報（SIGMET）

包含強烈對流、亂流、火山灰、沙塵暴、雪暴、微爆氣流／風切、雷雨、霧等，且是提供國際交換的天氣資訊。

3. 衛星雲圖

透過衛星（可見光／紅外線）來觀測全球性及區域性雲高及雲厚。

4.雷達回波

現在的技術已進展到 3D 雷達回波系統，不是只有平面，更可以偵測高度，以及判別天氣系統的降水強度及分布狀況。

✈ 飛機儀表上顯示的雷達回波，可以看見前方的雷雨胞、提供飛行員天氣資訊，若有必要偏離航路，也可以請求航管許可。（圖片來源：Ivsanmas／Shutterstock.com）

綜合上面的資料，氣象站會編出各個場站的 TAF，其中也會放部分的 SIGMET 資訊。此外，SIGMET 也會有自己的報文，發布在國際氣象網站上。

至於 METAR，則是由各場站實際觀測所得的氣象數值編製而成。 有趣的是，同一種天氣現象，產生的原因也可能不同，以雷雨來說，可以區分為因熱對流（多在夏季）、地形和鋒面（多在春季）而產生的雷雨。以台灣的機場來說，松山機場在夏季發生午後熱對流的機率高於高雄；而桃園機場比較少發生午後熱對流，但是在春季比較容易遇到鋒面型雷雨。

地形也會影響雷雨發生的時間，根據台北航空氣象中心統計，鄰近山區的機場，發生雷雨的時間點較早；而離山區較遠的機場，則發生時間較晚。松山機場通常會在下午 2 點至 5 點，雷雨胞產生後容易往東北發展。而桃園機場因為地形平坦，不會自己產生雷雨胞，雷雨胞多從新竹地區飄過來，影響的時間就落在下午 3 點至晚上 7 點。高雄機場因靠近海邊，離山區較遠，所以當大武山、大樹地區產生熱對流雷雨時，高雄小港機場大概傍晚 5、6 點才會受到影響，而在背風側的台東豐年機場，則會在晚上 7、8 點受到從南部山區飄過來的對流雷雨胞。

　　以台灣的機場來說，最常影響起降的就是雷雨天氣，所以如何使機場附近的雷雨預測更加精準，一直是航空氣象中心努力的目標，也是簽派員、飛行員、管制員關心的航空氣象重點。顯著天氣資訊的預測與提供，更是與航空安全密不可分，真的是航空業裡很重要的一環。

✈ 台灣夏季午後熱對流旺盛，容易發生午後雷陣雨，當雷雨當空時，也可能造成航機轉降。（圖片來源：SVSimagery／Shutterstock.com）

不過除了專業的航空從業人員之外，其實如果有興趣，一般民眾也可以透過航空氣象服務網的網頁（https://aoaws.anws.gov.tw/）和 APP，來關心台灣地區的航空氣象哦！全球的航空氣象則可以參考 Aviation Weather Center 的網頁（https://www.aviationweather.gov），裡面就有非常完整的全球航空氣象資訊。

台灣航空氣象
航空氣象服務網

全球航空氣象
Aviation Weather Center

34. 航空氣象 Q & A

———————————— 周沄枋 Emily

Q1：為什麼機長在航程中可以得到最新的 天氣預報？

　　一段航程飛行時間超過 1 小時以上，就會遇到目的地天氣更新，因此機長可以藉由終端資料自動廣播服務系統（Automatic Terminal Information Service，簡稱 ATIS），經由飛機上的飛機通信尋址與報告系統（Aircraft Communication Addressing and Reporting System，簡稱 ACARS），獲得最新的天氣資訊做落地前的性能計算，以及提供給乘客當地天氣狀況。這就是為什麼，在落地前 30 分鐘左右，機長能夠在廣播時提供完整的天氣預報給大家。

　　另外，如果在航程中有需要更新特別的天氣預報，如沿途火山噴發情況、颱風走向、亂流位置等等顯著天氣，簽派員都可以透過 ACARS 通知機組員，讓他們隨時獲得最新的天氣資訊。

Q2：下雨會影響飛行嗎？

下雨對航機的威脅在於能見度的高低及跑道溼滑程度的影響。

大雨時，會使能見度下降，因此提高目視飛行起飛和落地的困難度；若是以儀器飛行來說，航機只要有安裝符合機場要求的精確進場設備，天氣也符合機場的儀器進場要求，就能夠在低能見度的情況下，也能順利地起飛和落地，如同在無光夜晚裡戴了夜視鏡，一清二楚。

此外，下雨也會造成跑道溼滑減少摩擦力，因此對於落地時，飛機的煞停距離有很大的影響。越濕的跑道，煞停距離越長，所以飛行員在落地前，都要謹慎考慮機場當地跑道的溼滑狀況，並輸入機上電腦精準計算煞停距離，以避免落地時衝出跑道。

圖片來源：Jaromir Chalabala／Shutterstock.com

Q3：飛機怕閃電嗎？

　　飛機上並沒有避雷針，但是在設計上，機身的材質就如同為乘客和組員包裹了一層可以導電的皮膚，所以當飛機被閃電擊中時，電流會直接從機身的導電材質通過，而不會造成機組員及乘客受傷。此外，機上的設備也都有做完整的保護。

　　不過當飛機遭受到雷擊時，還是有可能對飛機外表造成損傷，因此，飛行員在航程中還是會盡量閃避雷雨胞。如果真的不幸遭受到雷擊，落地後也要通知機務人員進行檢查，確保沒有結構上的損害，才能繼續執行下一趟飛行。

圖片來源：FTiare ／ Shutterstock.com

Q4：常見的 metar ／ taf 天氣代碼附錄

風類	**G**：gust 陣風 **WND**：wind 風 **WS**：wind shear 風切
雨／冰類	**DZ**：drizzle 細雨 **RA**：rain 雨 **TS**：thunderstorm 雷雨胞 **SN**：snow 雪
能見度／ 雲高類	**VIS**：visibility 水平能見度 **VV**：vertical visibility 垂直能見度 **CLR**：clear 無雲 **BR**：mist 霧（地表上） **FG**：fog 霧（高空中） **HZ**：haze 霾 **FU**：smoke 煙 **CIG**：ceiling 雲幕高
把天空分成 8 等分時	**FEW**：few 把天空分成 8 等分時，1/8 -2/8 有雲 **SCT**：scattered 把天空分成 8 等分時，3/8 -4/8 有雲 **BKN**：broken 把天空分成 8 等分時，5/8 -6/8 有雲 **OVC**：overcast 把天空分成 8 等分時，7/8 -8/8 有雲 **SKC**：sky clear 天空晴朗
顯著天氣類	**CB**：cumulonimbusru 積雨雲 **DS**：duststorm 沙塵暴 **VA**：volcano ash 火山灰
單位／ 其他類	**FT**：feet 呎（距離） **KT**：knot 節（風速） **SFC**：surface 地表面 **N/A**：not applicable 不適用、無資料 **COR**：correction to a previously disseminated observation 　　　　更正前一版資訊 **BC**：patch 片狀 **VRB/V**：variable 變動的，通常指風的方向角度，變化大於 　　　　60°就會用 V 表示，ex：180v240 = 方向從 180°至 　　　　240° **SH**：shower 大量，通常形容雨或雪，ex：SHRA=show rain

第五章

航空職務
的知識

35. 什麼是航空器簽派員？

———————————— 周沄枋 Emily

在還沒進入公司之前，我完全沒有聽過這個職業，第一次看到，是在日劇《飛行員小姐》（Miss Pilot）裡，有一位培訓飛行員被退訓後轉當航空器簽派員。沒想到就是這一幕，給了我日後成為航空器簽派員的靈感。

航空器簽派員又被稱為「地面上的飛行員」，為什麼會有這樣的稱號呢？其實航空器簽派員要懂的航空相關資訊和飛行員一樣甚至更多，因為飛行員通常一次只會受訓一個機型，或是頂多幾個同體系、類似的機型（如：Airbus 320&321），但是航空器簽派員並沒有這種限制。以台灣航空公司來說，公司所有機型和路線都要受訓與簽放，而且對於天氣、飛航通告、航機設備等都要接受專業科目訓練，通過筆試及術科考試，才能取得民航局核發的航空器簽派員執照。

✈ 航空器簽派員每天的工作就是從各處搜集資料，彙整並製作成飛行計畫，提供給當班航班的飛行員。

（圖片來源：周沄枋）

受訓可以分為新進訓練與年度複訓，皆是由民航局授權航空公司代為訓練，所以目前在台灣，要成為航空器簽派員必須透過航空公司，無法自行受訓考照。新進訓練的項目涵括：1. 民用航空法及相關法規（航務）、2. 基本航行學、3. 飛航管理程序、4. 航空氣象、5. 陸空通訊、6. 載重平衡、7. 人為因素學。上完這些課程還要搭配實際線上簽放作業實習，至少滿一年才可以報名考試。年度複訓則每年由航空公司安排上課，再加上航路檢定，才能維持簽派員證照資格。

簽派員主要的工作分為二部分：航機簽放與航機監控。

航機簽放的工作內容簡單來說，就像是飛機的 Google 導航，簽派員的職責就是幫航機找到最佳又安全的航路，讓班機能順利到達目的地。航機起飛前，簽派員會在辦公室裡，藉由彙整天氣、沿途飛航通告、載重、油量及各種當班航機所需的資訊，來進行飛航路線規畫並製作成一份完整的飛行計畫提供給飛行員。

→ 飛行員出發前必須取得簽派員製作的飛行計畫，與同機組人員進行簡報。雖然現在為了環保及使資訊更快速傳遞，多將飛行計畫轉為電子，但是飛行員與簽派員之間的溝通合作還是非常重要的。（圖片來源：周沄枋）

航機監控則是比較類似飛航管制員的工作，差別在於航空器簽派員做的航機監控只監控自己公司的班機狀況，包含透過 GPS 定位及機上即時自動回傳系統等，監測飛機的位置、油量等狀態。此外，如果班機有任何突發狀況，飛行員也可以透過無線電或是衛星電話、電報系統等來與地面上的航空器簽派員聯繫，航空器簽派員再協助聯絡相關單位處理。因此，我們常常開玩笑說：簽派單位就像是公司裡的7-11全年無休，缺什麼都找我們就對了。

　　航空器簽派員或許是一個對大眾來說非常陌生的行業，但是絕對是航空公司不可或缺的一員。這不僅僅是一份工作，更是飛機與地面溝通的橋樑，也是飛行員最強大的後盾，下次搭飛機的時候，要記得你的航班也是由航空器簽派員在地面上默默守護的喔！

✈ 航空器簽派員也要負責和公司其他單位聯絡，可以說是飛行員與公司內部其他單位溝通的橋樑。（圖片來源：周沄枋）

36. 每天的航路都一樣嗎?

———————————————————————————— 周沄枋 Emily

　　每天開車去公司上班的你都會走同一條路嗎?或許每天都差不多,但偶爾也會因為想去某家店買早餐,或是因為出門前聽到晨間新聞說某個路段有車禍,而選擇繞道而行。簽派員在做航機路線規畫時,也不是永遠都走那一百零一條路,而是在每天不同的情況下為航機找到一條最合適的路。

　　影響航路規畫的因素有:天氣、飛航公告(NOTAM)、飛時、油量等,其中影響最大的就是天氣,各種惡劣天氣都是簽派員規畫航路時盡量避免的潛在危險因子,如台灣夏季常見的颱風、高空亂流等。此外,簽派員也會避免使航機逆風飛行,因為這樣非常不經濟又沒效率,尤其長程航線(如:台北飛往美國),風的影響就會特別明顯,就如同在單元 31 中所提到的,我們會希望飛機能跟著噴射氣流走,讓大自然助我們一臂之力。

✈ 舉凡天氣、NOTAM、旅客資訊等等,都是簽派員在規畫航路時要考量的。(圖片來源:周沄枋)

再來就是各空域及機場發布的NOTAM（詳參單元29），這對航路規畫來說也是非常重要，因為NOTAM中會告知哪些航路或空域關閉、如何繞道或是有特殊作業需求等，如果簽放航班時沒有根據NOTAM中的指示，那麼飛機很有可能在空中被改路或造成更多油耗。所以，每天的NOTAM都會影響到航路的規畫。

　　飛時這個因素包含飛機的準點率、組員派遣最高飛時限制等，這些因素都使得簽派員在規畫航路時有飛時考量的壓力，所以就要嘗試各種不同航路組合，來找到符合當天飛時需求的航路。

　　最後要考量的是油量與載重，這也是常常讓簽派員掙扎的地方，因為燃油與載貨（客）的重量是互相牴觸的。尤其對於美國東岸飛往台灣的航線來說，常常都會頂到最大起飛重量的上限，此時，簽派員便會在各種航路組合中，嘗試找出既要攜帶足以讓飛機執行勤務的油量，又能夠承載最多載重的航路。每當我們找到一條更好的航路，真的就像解出一題數學題，頓時充滿成就感。

　　綜合上面這些因素考量，雖然是同一條航線，每天的航路也還是有許多可能的組合，所以，不要覺得搭飛機很無聊，其實每次的搭機，都是簽派員為你精心設計的最佳航路喔！

37. 有人在空中指揮交通嗎？

— 周沄枋 Emily

地上需要交通警察指揮交通，還要有紅綠燈，那麼在天空中呢？身為航空人的我們常說，天空中的飛機比在地上開車還安全，因為有好幾雙眼睛在關注你，其中一雙是前面提到的航空器簽派員，他們會負責監控各家航空公司所屬的飛機狀態，而在同一個管制區內的所有飛機，則是有飛航管制員來擔任另一雙眼睛。

一架飛機從啟程開始，分別會遇到機場塔台、進場管制塔台及區域管制中心的管制員。

在機場塔台工作的管制員席位可以區分為：

- **許可頒發席／資料席**（data ／ clearence delivery）：頒發飛行許可及進行流量管制。

- **地面管制**（ground）：頒發機場地面上飛機開車及後推許可，並管制飛機、公務車等准許於操作區（機坪、滑行道、跑道）移動的路線。

- **塔台管制**（tower）：負責准許飛機起飛及降落。與上述兩者皆是在塔台內的管制席位。

- **進場管制**（radar ／ approach ／ director）：航機離場及到場時，爬升及下降階段的管制工作。進場管制和區域管制一樣是以雷達管制，藉由觀看雷達幕上的光點進行。工作的地方也不是在機場塔台，而是在專屬的辦公大樓，人員通常會透過雷達來監看航機，並且透過無線電在特定頻道上與飛行員溝通。

- **區域管制**（control）：離開終端管制區後，航機會進入區域管制中心（control）的掌控，他們負責所管空域中 FL200 以上巡航高度飛機之間的安全隔離，藉由透過與航機間的溝通與監控，調整高度及航向位置等，來確保航機的安全。

✈ 塔台與進場管制台合屬終端管制空域，亦即 FL200（20,000 呎）以下。與機場管制員不同，區域管制員並不需要看到外面的天空，因為他們控制的飛機都是在非常高的高度，因此要透過雷達系統來監控航班，並透過無線電與航機進行對話。

（圖片來源：bibiphoto ／ Shutterstock.com）

一般來說，飛機要起飛前會跟塔台要一個電碼（Squawk Code）輸入到飛機的應答機（transponder），讓管制員能在雷達上識別，管制員會再將包含航機資訊的管制條標示在旁邊，以利管理。在目前的自動化系統中，航機起飛經雷達掃到後，電碼就會自動與飛行計畫進行配對，航機的呼號及高度、速度等資料就會顯示在雷達幕上。此外，如果航機遇到一些特殊狀況，也可以利用這個電碼來跟管制員示警。舉例來說，國際間有三組通用的警示用代號：7500代表班機遭到劫機、7600代表喪失與塔台通話功能、7700代表機上有緊急狀況，所以當有航機掛上這三組電碼時，塔台端的雷達系統也會發出警示，提醒管制員。

　　管制員提供的飛航管制服務，目的在於避撞及加速並維持空中交通秩序。如果是繁忙的空域，甚至需要多位管制員同時打理，才能即時處理大量的航機、避免疏漏。隨著科技越來越進步，在航空管制上也有很大的突破（例如運用ADS-B系統及CPDLC系統），如此一來，不僅能同時間讓管制員接收大量資訊，也可以將所有資訊直接數位化顯示和儲存，管制員透過電腦螢幕就可以輕鬆整理大量各航機的資訊，更能有效降低人為疏漏的機率，大大提升航空安全，讓大家能開心出門、平安回家。

✈ 透過雷達站，可以將航機位置顯示在雷達螢幕上，讓區管人員看見位在各種高度與方位的飛機。（圖片來源：Federico Rostagno／Shutterstock.com）

✈ 雷達上的每個小點都代表一架飛機，會顯示出航機的資訊，讓航管人員可以一目了然。（圖片來源：Jirsak／Shutterstock.com）

38. 航空職務 Q&A

徐浩 Howard

Q1：飛行員有幾種職位？

飛行員中職位最高的是機長（captain），在飛航中，機長有著最大的權力以及最終決定權。機長坐在駕駛艙裡左邊的位子，所以也有人會稱機長為左座。因為航空業傳承了很多海運的傳統，在制服上，機長的袖子和肩章上繡有四條金色或是銀色的條紋（如下圖）。

第一副機長（first officer），比較常被稱為副機長或是副駕駛，是機長以下職位第二高的組員。副機長坐在駕駛艙裡右邊的座位，所以也有人稱為右座。副機長的制服比機長少一槓，在袖子和肩章上有三條條紋。

在副機長之後就是第二和第三副機長了（second and third officer）。並不是所有的航空公司都會有二副跟三副，這兩個職位有時是指還在實習或是學飛中的飛行員，有些公司會安排在長程航班中，適時代理在輪休中的飛行員。二副有兩條條紋，三副則是一條。

圖片來源：JeJai Images／Shutterstock.com

Q2：一趟飛行需要幾位飛行員？

現代客機的操作程序是以兩位飛行員來設計的，一位負責飛行，另一位負責監控以及處理不是跟飛行直接相關的工作，像是通訊。所以每趟飛行至少需要兩位飛行員。

超過 10 個小時的長途飛行，法規會考慮到飛行員輪流休息的需求，這時就需要 3 位到 4 位飛行員。根據法規，一趟長程飛行一定要派遣 3 位飛行員，超過 16 小時的超長程飛行，則是一定要派 4 位飛行員。

Q3：機師的飛行時數有上限嗎？

航空組員的勤務工時影響的不只是勞工權利，也直接的影響著飛航安全，這就是為什麼全世界的航空法律都會規範組員的飛行時數以及休假時間。

中華民國的《民用航空法》裡就有規定飛行員的飛行上限，每位飛行員 30 天內最多不得飛行超過 120 小時，90 天內不得超過 300 小時，以及 12 個月內不得超過 1000 個小時。

Q4：一個航班上有幾位空服員？

空服員在飛機上的工作不只是提供旅客服務而已，他們負責的是客艙內所有大大小小的事情，對於飛安的部分他們也是第一線人員，所以民用法規也會規範空服員的數量、工時以及休息時間。

圖片來源：Bignai ╱ Shutterstock.com

法律規定空服員的人數必須以飛機座位數而定，以協助旅客在必要時逃離飛機，這個人數不能隨意因為其他原因而刻意減少。19 到 51 人座的客機至少需要一個空服員，51 到 101 人座至少需要兩個。座位超過 101 個的話，則是每多 50 個位子就要至少多派一個空服員。

Q5：飛機客艙是誰打掃的？

在飛行的過程中，空服員要負責客艙裡的清潔和整齊，所以做一些基本打掃工作是必要的，但是飛機的徹底清潔是由在機場的清潔人員負責。當飛機落地，旅客及機組員都下機之後，一整組的清潔人員就會趕緊上機，把飛機從頭到尾徹底清潔乾淨。清掃飛機的公司有可能是航空公司自己經營的，或是外包的清潔公司。外籍的航空公司在台灣，則是會委請在地的公司幫忙打掃。

圖片來源：Pradpriew ╱ Shutterstock.com

Q6：登機時穿著 RC 背心的人是誰？

　　RC 是英文 Ramp Coordinator 的簡稱，這個人負責統籌飛機關門前在地上大大小小的工作，並且協調各部門的員工。因為飛機在地面上有很多的準備工作，像是打掃、加油、機務問題、組員準備、上貨和客人登機，所以 RC 的工作非常重要。畢竟飛機其實也不小，上下和裡外的工作同時都在進行，如果一架航班沒有 RC，在所有人都各自為政的情況下，整個地面程序就會變得沒有效率、甚至很混亂。有了 RC，就能協助組員隨時掌握地面準備工作的進度、旅客及貨物的情況，透過統籌各部門的工作，大家就能夠同心協力讓飛機準時出發！

圖片來源：schusterbauer.com／Shutterstock.com

第六章

搭機旅行
的知識

39. 飛機平飛的時候是平的嗎？

—— 周沄枋 Emily

　　記得小時候搭飛機時，總是喜歡帶很多玩具上飛機玩才不會無聊。有一次在台北到夏威夷的航程中，巡航時爸爸媽媽都睡著了，我和妹妹拿出彈珠在餐桌板上玩，打開桌板時我們以為它卡住了，因為桌面居然沒有辦法完全攤平（即0°），可是水杯擺在上面，水卻沒有因為傾斜而灑出，反而呈現水平狀態？

✈ 搭飛機的時候會發現機上餐桌有點稍微傾斜，因為飛機巡航時並不完全是平的，所以桌子必須要有點斜度，東西放上去才會是平的。
（圖片來源：Yuliya Yesina／Shutterstock.com）

　　後來玩到一半時，彈珠不小心掉到走道上了，而且一路往後滾，還好爸爸醒來幫我們把彈珠撿回來，不然心愛的彈珠就要一路滾到機尾去了。可是，飛機在平飛的時候不是平的嗎？彈珠又怎麼會滾走呢？

其實飛機在巡航時是有維持一個仰角的，並不是完全平飛（即仰角為 0°）。現在的飛機系統都有搭載「飛航管理系統」（Flight Management System，簡稱 FMS），它會在航行時經由接收到的天氣、載重、飛機重心、油料分布等各項資料而精確計算出該趟的「經濟速度」，也就是最經濟（efficient）的飛行速度。為了維持這個經濟速度，FMS 會將機頭仰角（pitch）保持在約 2°～ 3°的位置，這也就是為什麼飛機在巡航時並不是平的（即 0°角）。而為了讓桌上水杯裡的水不會撒出來，桌面自然要設計一點斜度，才能在飛機巡航時取得平衡。

另外，在開始學習飛航知識時，我自己時常將攻角（angle of attack）及仰角（pitch）搞混。當時還誤以為飛機巡航之所以不是平的，是與攻角有關，但其實**攻角是機翼之翼弦（chord line）與相對氣流（relative wind）間的夾角，仰角是機頭與地平線的夾角**。攻角的大小控制著升力，而仰角才是決定經濟速度的主因。

下次在飛機上，巡航時不妨起身走走，你便會發現往機尾走如同走下坡，往機頭走如同爬上坡呢！

✈ 從儀表上可清楚看到，在巡航於 35,000 呎時，仰角約 2.5°（中間十字架位置）。
（圖片來源：Oliver Tindall ／ Shutterstock.com）

40. 為什麼起飛時耳朵會痛？

周沄枋 Emily

　　從小開始我總是享受每次搭機，從坐在客艙期待飛機起飛，直到最後一刻安全落地，對於還是孩子的我來說，總是很特別的體驗。而且每次搭機時，媽媽總是會記得在我口袋裡放一包口香糖，為什麼呢？因為每次飛機在跑道上加速離地的那一瞬間，耳朵都會痛，但媽媽說只要坐在位子上嚼口香糖，起飛的時候耳朵就不會痛了。

✈ 搭機常會有耳鳴的狀況，尤其是起飛和降落時，原因是機艙壓力在短時間內改變，造成耳朵內外壓力差過大。

（圖片來源：Atstock Productions／Shutterstock.com）

話說回來，為什麼起飛的時候耳朵裡會痛呢？主要的原因來自於機艙內短時間壓力的改變。天空中高度越高氣溫越低、大氣壓力越小；如果飛機飛在天空中，客艙沒有建壓，那麼人便會吸不到空氣，但如果建壓和地面的大氣壓力相同，那麼機體結構、蒙皮也會因為所承受的內外壓力差過大而造成損害。

　　那麼，客艙壓力高度（cabin pressure altitude）大概是多少？又是何時開始建壓及洩壓呢？一般來說加壓客艙的氣壓建置，約等同於海拔 2,400 ～ 1,800 公尺處（相當於提供 80% 左右的大氣壓力），這是一個能夠在安全情況下同時提供乘客舒適飛行的環境。然而在起飛和降落時，人體耳朵裡的鼓膜，會因為外部壓力在短時間內產生劇烈變化而感到不適，嚴重者甚至會有疼痛感或是耳鳴的現象，這時候就可以透過打哈欠、吞口水、嚼口香糖等方式，來平衡鼓膜內外之間的壓力差。就像進行水肺潛水一樣，每當往更深的海裡下潛，永遠要記得平衡耳壓。

　　現代客艙為了增加舒適感，也會提早在起飛前就先開始慢慢建壓，這樣乘客就不會在起飛後的短時間內要適應這麼大的氣壓變化。此外，除了人要調整耳壓內外的平衡，飛機其實也是需要調節的，因為機體對於壓力差的承受力也是有限，所以會透過機身上的控制閥（outflow valve）來控制內外的壓力差。一般來說，機體對於正壓（即艙壓高於外界壓

力）的承受力是高於負壓（即艙壓低於外界壓力），因此在降落前也會需要提前開始加壓，以便在高度低於 2,400 公尺後，機體結構不會因為負壓太多而受損。

現在終於知道，為什麼搭機時媽媽總是幫我們準備口香糖，畢竟小朋友對於要調適耳朵鼓膜這件事，本就不如大人來得熟練。有了口香糖，我和妹妹小時候才不會因為耳朵痛而在機上哭鬧，反而還因為有糖吃而更期待搭飛機呢！

✈ 飛機的窗戶並不是和我們一般車子的窗戶一樣只有一層，而是有三層設計，最外面那層是飛機體結構，內層是用來保護外層不受到破壞，中間那層上面會有一個小洞，是用來平衡三層窗面間的壓力與水氣。

（圖片來源：Radowitz／Shutterstock.com）

41. 飛機餐有什麼特別之處？

—————————— 周沄枋 Emily

　　記得小時候搭飛機，我最期待的就是在飛機上吃飯。不知道為什麼，在飛機上吃飯就特別容易感到滿足，可能因為一個餐盤上面擺滿了食物，從配菜、主菜到甜點都有，還有餐包！以小朋友的胃來說，根本是吃到飽的感覺。不過，飛機餐到底跟一般地面上的便當有什麼不一樣呢？多虧了疫情，我才得以有機會深入空廚參觀，解開許多對於飛機餐的疑問。

　　首先，人的味蕾確實會因為氣壓變化而改變，在較低壓的環境，我們的味覺會變得遲鈍，因此飛機餐的設計上確實是比較重口味，這樣才會提高乘客的食慾。不過值得注意的是，重口味不一定只有鹹度的調整，空廚主廚們也會透過各種辛香料的添加與醬料的搭配來提升口味。那麼，有沒有一個固定的標準呢？答案是沒有的。每一次每款飛機餐菜單的推出，都會在地面上先由各航空公司代表試菜，再藉由飛機上推出後的反應來調整口味，以符合大眾的喜好。

✈ 機上餐點除了擺盤之外，食材、烹調方式等都需要特別調整，畢竟飛機上的廚房不比地上，如何能夠在機上依舊端出令人垂涎三尺的佳餚，是各家空廚主廚每天絞盡腦汁嘗試的重點。（圖片來源：Prarinya ╱ Shutterstock.com）

在飛機上，飛機餐分為冷廚和熱廚兩個部分，冷廚從空廚出餐後直到送達客人桌上，都不會再經過加熱，所以更是有 24 小時內未食用便要丟棄的規定，以防細菌滋生；熱廚也是要在 48 小時內食用，否則也要丟棄。所以在空廚裡會採用條碼的方式，嚴格控管每份餐點的時效與新鮮，為的就是確保飛機餐的食安品質。

飛機餐通常都有至少兩種以上的選擇，你喜歡吃什麼類型的菜色呢？主廚說以台灣航空公司的統計而言，通常中、日式較受歡迎，另外南洋風味因為口味比較重，接受度也非常高。不過中式和日式料理的飛機餐，最大的挑戰就是米飯的復熱，如何在重複加熱後，米飯一樣能夠保持香 Q 彈牙呢？主廚說，祕訣就在於不斷地測試——他們會買三十幾種米，一直測試到最滿意的為止——品質管理與不斷調整是飛機餐好吃的不二法門。另外主廚還偷偷透露，其實他們自己做這麼多款餐點後發現，燴飯、南洋咖哩等這種有湯汁的料理，復熱後比較不會乾。含麵粉的醬汁（如白醬）就比較容易乾，加上味道不重，比較不受客人喜愛，另外海鮮復熱後也較容易不新鮮，腥味可能會重一些，這些都是主廚們在設計餐點上的考慮。

✈ 主廚特別提到，通常比較好吃的飛機餐是有醬汁且較重口味的餐點（如亞洲料理），因為人的味覺確實會因為氣壓變化而改變，而有醬汁則是讓餐點在復熱時比較不會變得太乾。

（圖片來源：norikko／Shutterstock.com）

一家空廚也會同時代理好多家不同航空公司的餐點，有些航空公司會完全委託設計菜單，有些會指定食譜，甚至派廚師來親自指導，各家要求都不同。以中國的航空為例，他們通常在飯量上都會要求增量，而回教餐則需要設置專門經過認證的清真（Halal）廚房。航空公司會定期派人來試菜調整及提出各種要求，為的就是提供讓乘客滿意的餐點。

✈ 攝於長榮空廚。回教餐需要在有經過清真（Halal）認證的專門廚房製作，而且所有用具都是這個廚房專用的，不能與其他一般廚房混用。〔圖片來源：周沄枋〕

42. 要坐哪個位置才能看到極光？

———— 周沄枋 Emily

傳說看見極光，就會帶來一輩子的幸福。極光真的是可遇不可求的自然現象，想當初我們去冰島旅行也很可惜地與極光擦身而過。那麼，除了在地表上觀賞極光，搭飛機在天空中時有可能看見極光嗎？答案是：當然有機會囉！不過，坐的位置很重要！

曾經有朋友問我：「我要買機票去紐約，要選哪個位置才能看到極光？」我的回答是：真的要天時、地利、人和才行。來檢視一下看見極光的條件：第一，要在極光帶（高緯度地區）；第二，無光害；第三，天氣晴朗。所以在地表上觀看極光多是在高緯度地區的國家，如冰島、瑞典、芬蘭，還有北美的加拿大、阿拉斯加地區，時間則約在 9、10 月或是 2、3 月份。

極光其實是從太陽風暴來的帶電粒子，受到地球磁場吸引，與大氣的原子（氧和氮）和分子碰撞，甚至產生短暫的電離，這樣的能量釋放與電離層折射作用而產生的現象，除了很美麗之外，其實電離層的日夜變化及太空天氣對航空的通訊也是有影響的。

平常地球是靠地磁圈保護，但若太空天氣（如太陽風暴、太陽閃焰）增強，地磁圈就會被往地球推擠，這時如果衛星暴露在沒有地磁圈保護的外圍，那麼衛星通訊就會受到影響，小至日常生活中的地面 GPS 導航定位，甚至飛機 GPS 定位系統都可能會失準，影響航空定位及起降的準確度。

　　此外，電離層的的濃度變化屬於時間長或範圍大的一般性變化，如日、季、年，這些電離層濃度變化也會導致訊號強度的差異與雜訊。好在現代科技進步，大部分的衛星定位設備多能夠透過內建的晶片演算，來避免電離層濃度對於衛星定位精準度的影響。但若短時間的太空天氣變化，導致電離層濃度改變甚至部分分層消失，也是會影響定位的精準的與雜訊。

　　回歸正題，如果你想在搭乘飛機時同時可以看見極光，那麼當天的路線必須要通過極光帶的上空。以台灣來說，目前從美東（如紐約、多倫多）回來台灣的航班是最有可能的，大部分時候的航路規畫都是會經過北加拿大上空。季節當然也是在冬天的時候比較有可能，飛機上唯一比地表上容易達成的就是不用擔心光害和天氣，因為長程越洋飛機航行的空層，已經離開主要雲層分布的地方，而經過極光帶時，也都是半夜的時候，所以是黑壓壓一片，最適合欣賞極光了。

✈ 如果有受到幸運女神的眷顧，在飛機上也是能看到美麗的極光！

（圖片來源：航空業的航空迷）

　　最後，機上到底哪個位子才是幸運兒呢？答案是「駕駛艙」。因為駕駛艙的視野是最廣的，他們的視窗角度約270°，再加上飛機是往前飛，所以如果有極光，飛行員們一定看得到。除了駕駛艙，空服員們也表示他們有機會從飛機逃生門上的小窗戶看見極光，如果飛行員看到極光的時候通知他們，就可以透過那個窗戶看見。至於一般乘客的位置，只要是窗邊，時間對的情況下還是有機會看到的，所以偷偷教大家一個小撇步，搭機前可以先在氣象網站上查詢當天的極光等級及好發地區，上機後搭配機上娛樂系統裡的飛行羅盤資訊，交叉比對出經過極光帶的時間，然後在對的時間往窗戶外看，或許，你也可以看到那傳說中的幸福光束喔！

✈ 如果要問機上哪個位置看極光最棒，那肯定非駕駛艙莫屬。

（圖片來源：norikko ╱ Shutterstock.com）

✈ 極光可見範圍預測：

https://swoo.cwb.gov.tw/V2/page/Forecast/Ovation.html

43. 機場的路標在說什麼？

周沄枋 Emily

　　每次搭飛機我最喜歡選靠窗的位置，因為可以觀察沿途的風景。從飛機後推開始，我喜歡看沿途我們經過了哪些指示牌與標線，它們和外面路上的交通標誌與標線並不相同，是機場專屬的。機場裡可以看到各種指示牌（signs）及標線（markings），以下我們就來看看幾個常用到又比較有趣的吧！

- **位置指示牌（location signs）**：用來告訴你目前身在何處。
- **方向指示牌（direction signs）**：用來指示出接下來你會遇到什麼，或是你要去的地方在哪裡。

✈ 方向指示牌。（圖片來源：Nordroden／Shutterstock.com）

- **等待位置標線（holding position marking）**：這是我覺得最有趣的標線，它會出現在跑道與滑行道交界處，虛線的地方面向跑道，實線則面向滑行道。當飛機要從跑道滑出到滑行道，會先遇到虛線，代表不需要經過塔台許可就可以直接通過這個標誌；而飛機從滑行道進入跑道時，會先遇到實線，表示要得到塔台許可才能通過。所以，當飛機準備起飛時，要先得到許可才可以進入跑道；而落地的航機，要完全跨過這整條標線，才表示脫離跑道。

滑行道側	跑道側
	班機通過虛線進入滑行道，不用得到塔台許可。
班機通過實線進入跑道，必須得到塔台許可。	

- **跑道指示牌 & 標線：**跑道一定會有兩頭的方向指示牌，如 15/33、06/24、13L/31R 等，飛機進入跑道前，機艙裡的飛行員一定要每個人都看到跑道指示牌，並確認即將進入的是航管給予許可的正確跑道，以確保起降安全。

- **停機位標線（aircraft stand markings）：**用來指示各機型對應的鼻輪停止處，因為不同機型的機頭都不一樣長，同時要搭配空橋、加油設施等相對位置，所以要在地面上依據不同機型特性而分別標出鼻輪停止的位置。標在地上主要是給機場引導員參考，飛行員則依照引導員的手勢，或者是引導系統的指示而調整踩剎車停機的時機。

✈ 停機位標線。不同機型的飛機，只要各自用鼻輪對準地上相對應的標示線，就不會開過頭喔！（圖片來源：fabg）

上述這些是在每座機場中必備的機場標線，學飛時認識並且熟記這些機場標線相當重要，尤其在滑行時，塔台可能給予指示，要求飛機在某條滑行道前等候（hold short of _____） 其他飛機通過，或是要進入跑道前要跟塔台要求進入許可，還有降落後駛出跑道要和塔台回報，這些指示和動作都和機場標線有著密不可分的關係。

對了！還有一件最特別的事和平常在路上開車不同，那就是在機場裡，永遠都要對準中心線開，因為如果飛機沒有讓鼻輪在滑行道或是跑道的中心線上，那麼很有可能左右兩邊的輪子或是機翼就會超出線外，甚至「吃草」，這樣可就要請拖車來拖了。

下次搭飛機時，如果剛好坐在靠窗的位置，在機場就可以好好觀察一番，看看你能認出多少機場標線喔！

→ 這個場景應該很少見，因為剛好在做新機型的引導驗證，所以依據人力引導，但是同步開著停機自動導引系統（AVDGS）實施驗證作業。

兩者都是用來指引飛行員停機的位置，以便正確對上空橋等設施，但是現在越來越多地方採用自動引導系統來取代人力。

（圖片來源：fabg）

第七章

飛機迷
必懂知識

44. 是誰將航空旅行普及化？

———————————— 丁瑀 Brian Ting

　　我永遠記得五歲第一次去美國的那趟旅行，至今都讓我永生難忘。那是我這輩子的第一次長途飛行，透過登機門灰濛濛的窗戶，望著窗外猶如空中皇宮的波音747，細緻的紅梅揚姿圖騰傳達祥和與安定、巨型客機起飛的快感、飛行途中亂流帶來的刺激，還有機外那一望無際的汪洋……頓時讓我心中不禁想問：「是誰將航空旅遊普及化？」

　　13歲當我第一次從好萊塢巨星李奧納多的經典電影《神鬼玩家》（The Aviator）裡聽到特里普（Juan Trippe）這個赫赫有名的名字時，我當年的疑問終於被解開了！特里普一手創造了一代傳奇航空公司——泛美航空（Pan American World Airways），並運用西科斯基公司專屬為泛美打造的S-42「Flying Clipper」開闢了史上第一條橫跨太平洋的民用航線。在二次大戰之後泛美更大量使用噴射機，並在創辦人特里普的建議下，波音開始研發、設計與製造空中女王——波音747，特里普更讚頌「比起飛彈，747才是人類的和平武器」。更重要的是，泛美航空開啟了一段運用噴射氣流（Jet Stream）載運旅客、縮短飛行時間及節省燃油成本的新時代。1952年11月18日一架泛美航空東京飛夏威夷的航班，將原本18個小時的航程縮短至11.5鐘頭；泛美後來也是最早將電腦定位系統普及化的航空公司喔！

然而再美的夕陽終會變成黑夜，雖說泛美於 1991 年結束了 64 年的營運，但如今泛美留給我們的種子早已變成了一座美麗的空中花園，讓我們可以盡情的享受航空旅行所帶給我們的美好與便捷。失去才懂得珍惜，乃人的本性，2011年美國廣播公司（American Broadcasting Company）推出了一部描繪泛美航空的時代劇——《泛美之旅》。這部影集讓人們追憶當年泛美不僅將航空旅遊業普及化，更樹立了一項崇高的標準讓新一代的航空人去追隨。泛美所創造出的品牌價值，在許多人心中佔有一席之地，更成為了飛行黃金年代（Golden Age of Flying）裡那道最耀眼的光芒！

✈ 意義非凡的泛美航空創始辦公室，更是美國民航史上首架國際航班的誕生地。（圖片來源：Dennis Kartenkaemper／Shutterstock.com）

45. 王牌飛行員

丁瑀 Brian Ting

　　我從小就夢想成為一名中華民國空軍飛行員，甚至幻想能穿越時空回到二次大戰成為一名精忠報國的王牌飛行員，為國為民貢獻力量，恢復世界的和平。當然這只是個夢想，但我相信一定有許多人和我做著相同的夢，所以就讓我透過這個單元來一圓我們的王牌夢！

　　王牌飛行員（Flying Ace）是指擊落了至少五架敵機的飛行員；飛行員透過空戰取得戰果，但也僅限於空中，就算成功摧　地面上的飛行器也不能算進紀錄裡。空戰（dogfight）是戰鬥機對決戰鬥機的空中纏鬥，敵我雙方的飛行員都會使出渾身解術想要擊落對方，這就是戰爭的殘酷，相信曾經參與或親眼目睹過空戰的人都畢生難忘。一場空戰的時間通常只有短短的幾分鐘甚至不到數十秒，就連身經百戰的王牌都會覺得這短短的幾十秒恍如隔世。

　　在炮聲隆隆的第一次世界大戰裡，誕生了史上第一位王牌飛行員，他是來自法國空軍的貝古（Adolphe Célestin Pégoud），而王牌（Ace）這個封號，則是法國報紙為了讚頌貝古所開創出來的詞彙。南歐王牌的代表為義大利空軍的巴拉卡伯爵（Count Francesco Baracca），他愛機上面的黑馬徽章，後來也成為了法拉利車廠的經典標誌。納粹德國空

✈ 法國空軍的天空守護者——SPAD S.XIII。

（圖片來源：Kev Gregory ╱ Shutterstock.com）

✈ 一戰義大利空軍的天使——巴拉卡伯爵愛機上的黑馬徽章，後來成為法拉利車廠的經典標誌。（圖片來源：Tanja_G ╱ Shutterstock.com）

軍（Luftwaffe）在一戰時最知名的王牌莫過於戰功彪炳、從 1916 年 9 月到 1918 年 4 月一年半的時光裡就擊落 80 架敵機，外號紅男爵的里希特霍芬（Manfred Albrecht Freiherr von Richthofen），當然還有後來在 1935 年被希特勒晉升為德國空軍元帥的戈林（Hermann Wilhelm Göring），都是一戰德國極具代表性的王牌飛行員。日不落帝國英國皇家空軍則有鮑爾（Albert Ball）、強生（James Edgar Johnson）與布魯德赫斯特（Sir Harry Broadhurst）等等極具知名度的王牌飛行員。

✈ 納粹德國空軍（Luftwaffe）一戰中最耀眼的王牌飛行員：紅男爵里希特霍芬（Manfred Albrecht Freiherr von Richthofen）及其座機——福克 Dr.I 戰鬥機（Fokker Dr.I）。

（圖片來源：Everett Collection；MRYsportfoto／Shutterstock.com）

美國的代表有首位以飛行員身份獲得榮譽勳章的路克中尉（Frank Luke Jr.），在他璀璨卻又短暫無比的生涯裡，總共擊落了 18 架敵機，而且是在短短的 17 天以內，他的英勇事蹟在 1941 年也讓美國政府決定以他的名字，為其家鄉亞利桑那州新建成的空軍基地命名，以紀念他為國家的付出。

✈ 美國第一位以飛行員身份榮獲榮譽勳章的路克中尉（Frank Luke Jr.）銅像。
（圖片來源：Kit Leong ／ Shutterstock.com）

　　說到路克中尉就一定要好好介紹一下，他的 18 架戰果裡有 14 架都是巨型的德國空軍熱氣球偵察機──沒錯！許多王牌擊落的不一定都是戰鬥機，而是轟炸機、偵察機、魚雷機等非戰鬥類機型。其實戰鬥機以外的飛機，不見得就比

較容易被擊落，舉例：我們把戰鬥機想像成一位輕量級拳王，而轟炸機則是重量級拳擊手，戰鬥機因本身較輕盈的設計因此靈活度極佳，而轟炸機的噸位則相對重上許多，因此靈活度欠佳，但擁有較厚實的裝甲及武裝機槍自衛，就如同重量級拳擊選手擁有絕佳的體重優勢，所以在二戰裡我們也常看到由波音生產，有空中堡壘美譽的 B-17 重轟炸機擊落德國雄鷹——梅塞施密特的 BF109 戰鬥機。

二戰著名的亞洲王牌飛行員有中華民國空軍的：樂以琴、柳哲生、陳瑞鈿、高志航、周志開等英雄豪傑；日本帝國海軍的代表則有曾經駐紮在台灣南部的台南航空隊王牌坂井三郎、西澤廣義等，以及參與過珍珠港奇襲的岩本澈三。

✈ 令敵人聞風喪膽的格魯曼 F6F 地獄貓戰鬥機，是許多美國王牌的專屬座駕，機身上的迷你太陽旗則代表被其擊落的日機。（圖片來源：Santiparp Wattanaporn／Shutterstock.com）

✈ 著名的飛虎隊座駕 P-40 戰鷹式，是由美國寇帝斯公司生產。（圖片來源：mymaja8／Shutterstock.com）

美國則有邦（Richard Bong）、飛虎隊員希爾（David Lee "Tex" Hill）、葉格（Charles Elwood "Chuck" Yeager）；德國空軍（Luftwaffe）則擁有最多擊落百架以上敵機的王牌飛行員，如：哈特曼（Erich Hartmann）、巴克霍隆（Gerhard Barkhorn）、馬爾塞（Hans-Joachim Marseille）。最後不得不提到蘇聯的闊日杜布（Ivan Nikitovich Kozhedub），是二戰盟軍擊落最多敵機的王牌。

✈ 二戰王牌同時也是美國空軍退役將領 ── 葉格（Charles Elwood "Chuck" Yeager），他最有名的事蹟絕對是成為第一位突破音障的人類。（圖片來源：Randy Miramontez／Shutterstock.com）

　　第二次世界大戰因為歷時較久，因此也是王牌飛行員最活躍的時代，同時也是人類空戰史上出過最多王牌飛行員的戰爭。雖然也有少部分的飛行員能在短短幾分鐘的空戰裡就擊落五架敵機成為「一日王牌」，但絕大多數的王牌都是在浴血奮戰多年後、驚險逃過無數次的生死瞬間，才換來那一張沾滿血跡的「王牌證書」。

　　最後，誠心希望不要再有戰爭，就像愛因斯坦曾經說過，他不知道人類會用什麼武器打第三次世界大戰，但他知道第四次世界大戰時人類只能用木棒和石頭。這段話再次證明了戰爭的殘酷與無情，在此我由衷希望以後不要再用飛機去破壞和平，而是純粹用它來旅行與探索。

46. 什麼是通用航空？

丁瑀 Brian Ting

晴朗的仲夏夜裡，我時常和好友們到碧山巖觀賞台北松山機場上那些突然變得像模型飛機般渺小的 A321、ATR-72、波音 787、C-130 大力神軍機、灣流 G650、直升機……。但你知道嗎？除了上述的軍機隸屬軍方、客機是航空公司的，其他飛機都被歸類在通用航空（General Aviation）。從飛行學校的小型螺旋槳訓練機到水上飛機、警消專用的救難直升機，再到郭台銘的私人噴射機等等，都是「通用航空」的一員。

「通用航空」簡稱「通航」，和航空公司一樣都需要嚴格遵守航空界的《漢摩拉比法典》——《美國聯邦航空法規／航空人員資訊手冊》（Federal Aviation Regulations／Aeronautical Information Manuel，簡稱 FAR／AIM）裡的所有規定。在此我鼓勵所有對飛行有興趣的朋友，一定要用心鑽研這本每年都會固定出版增訂版的航空法規全書，因為像美國這種航空飛行發展完整的國度，有超過 80％的飛行員及 90％的飛機都隸屬於「通用航空」，因此詳讀此書對飛航安全是絕對必要的！以前我在學飛的時候，教官還有學長姐都會開玩笑地說：「要是你能將 FAR／AIM 裡的法規背到滾瓜爛熟的話，除了能當機師還可以當律師了！」

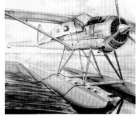

✈ 這些都是我們常見的通用航空飛機。

（圖片來源：EB Adventure Photography；Lidia Nureeva；SFIO CRACHO／Shutterstock.com；丁瑀）

FAR／AIM 裡的 Part 121 即是專門為航空公司制定的，但切記這裡指的是長期擁有固定航線、航權的航空公司，如國人熟悉的華航、長榮、星宇、德安、新航、川航、國泰、大韓、全日空、達美、漢莎……等等。而私人噴射機就像一般民眾的私人汽車一樣，並不需要像公車、計程車等遵守其他複雜的法規，不過你還是需

✈ FAR／AIM 是機師的六法全書。

要遵守 Part 91 裡的一切規定；但如果你打算出租灣流噴射機或用它來營利的話，就得翻頁到 Part 135 去了。

總之，要準確區分「通用航空」最好的方式，就是除了長期擁有固定航線的航空公司以外，所有民用飛行都歸類於「通用航空」；而「通用航空」與民用、軍用飛機最大的差別也僅是法規而已，就是這麼簡單明瞭！

47. 開飛機需要哪些駕／證照？

───────────────── 徐浩 Howard ─────────────────

　　飛行員駕／證照基本上分成五張：第一張「私人飛行駕照」（Private Pilot License），這張駕照就如同大部分的人都擁有的私人汽車駕照，但就算有也不代表你就能開計程車或遊覽車。因為要想要成為職業機師的話，就必須要有商用飛行員駕照，但先別急，讓我從最基本的私人飛行駕照開始聊起。

　　在中華民國民航局，Private Pilot License 被稱為「私人飛行檢定證」，也就是所謂的「PPL」。在美國只需年滿 17 歲，就有資格考取許多人畢生夢寐以求的 Private Pilot License。不管是想一圓飛行夢的業餘愛好者，還是航空公司的機長，都需要先從「PPL」開啟他們的飛行生涯；就連傳奇太空人阿姆斯壯（Neil Armstrong）都是先有了這張駕照，才能成為美軍飛行員，最後在月球上說出了那句曠世名言：「我的一小步，卻是人類的一大步！」

　　其實要想取得這張駕照一點都不難，如同剛剛所說的年滿 17 歲，並累積至少 35 個小時的飛行時數，而在這 35 個小時裡還要包含 5 個小時的單飛以及 3 個小時的夜間飛行等等，也要能夠將各項猶如芭蕾舞般精巧的飛行技巧操縱自如（Soft-field takeoff & landing, steep turns, power-on stall etc.），最後通過筆試、口試及飛行考試後，即刻成功取得人生中的第一張飛行駕照。到時你就可以載著親朋好友們，飛上藍天俯瞰大地之美。

第二張「儀器飛行檢定」（Instrument Rating），考取這張證照，是為了要讓機師能在伸手不見五指的雲海裡安全飛行。美國前總統甘迺迪唯一的兒子，小甘迺迪（John Fitzgerald Kennedy Jr.），當年就是因為在沒有儀器飛行檢定證的情況下，於夜間闖入雲層後陷入空間迷航（Spatial Disorientation），導致其與妻子還有妻子的姐姐一同墜機而亡。有句飛航安全名言：「Flying is not Xbox. You don't push a button and start over.」（飛行不是在打電動，不能隨隨便便按個鈕就重新開始。）這句話非常適用於對安全格外要求的航空業！儀器飛行檢定證的用意，就是為了避免諸如此類的空難再次發生；天氣千變萬化，機師需要經常穿梭在雲霧裡，各位讀者搭乘的所有航班的飛行計畫表也都是遵照儀器飛行法規（Instrument Flight Rules，簡稱 IFR）來做申請登記的，這樣子才能透過塔台人員的引導與指示安全地飛行。

第三張駕照也是許多人窮極一生追求的「商用飛行員駕照」（Commercial Pilot License，簡稱 CPL）。擁有了這張駕照的飛行員，就獲得正式被航空公司、飛行學校等等靠飛航盈利的公司雇用的資格。在美國有不少正在學飛行的青少年會選擇在 18 歲生日當天考商用飛行員駕照，順利考上的話就會是一個非常有紀念價值的生日禮物！沒錯！在美國只

需年滿 18 歲並取得美國聯邦航空總署（FAA）核發的商用飛行員駕照，就能正式成為航空公司的一員。「CPL」的課程內容及標準其實與「PPL」大致相同，只是會在實際考試標準（Practical Test Standard，簡稱 PTS）的部分更加嚴格，因為畢竟將來是要成為背負著乘客生命及財產安全等重責大任的職業機師。

大部分的人，在前三張飛行駕照都會使用單引擎的兩人座或四人座的螺旋槳小飛機來做訓練，以節省成本，因此這裡要介紹的第四張駕照，即是「多引擎檢定證」（Multi-Engine Rating），順利取得這張檢定後，就代表你有能力駕馭兩顆引擎或多引擎的飛行器了，比如西斯納 Cessna 310 及鑽石 Diamond DA-42 都是很不錯的雙引擎飛機，在美國眾多飛行學校裡也時常會看到它們翱翔天際的身影。

第五張「飛行教練證照」（Certified Flight Instructor）和商用飛行員駕照一樣只需年滿 18 歲，並通過層層考驗後就可以成功取得飛行教練的資格，教導學員飛行及核准學員單飛、參加考試等等飛行訓練相關事宜。所以如果在美國看到一名高中剛畢業的 18 歲青年，正在教導一名退休不久的 58 歲中年人飛行時，也不用覺得意外，因為在飛行的世界裡這是經常發生的。

最後，機師除了在飛行時要隨身攜帶駕照外，也需要帶上機師體檢證（medical certificate）及飛行時數紀錄本（logbook）去記錄此趟飛行時數、地點、天氣狀況等等有關飛航安全之紀錄。

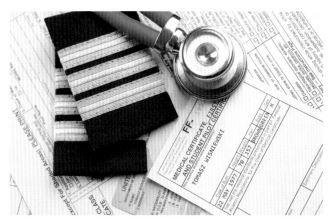

✈ 機師體檢證（medical certificate）也等同飛行學員的駕照，飛行學員在飛行過程中一定要帶著它，才能合法地學習飛行。（圖片來源：Monika Wisniewska／Shutterstock.com）

✈ 飛行時數紀錄本（logbook）是專門用來記錄飛行時數的重要道具，因為飛行時數等同經驗的累積，所以許多飛行員再跳槽到別家航空公司前都會花上一段時間去計算總飛行時數以獲得更好的升遷與薪資。

（圖片來源：Pises Tungittipokai／Shutterstock.com）

48. 何謂飛行學校？

丁瑪 Brian Ting

「That's right!......iceman......I am dangerous!」湯姆·克魯斯（Tom Cruise）的這句經典台詞出自於好萊塢史上最賣座的空戰電影——《捍衛戰士》（Top Gun）。酷炫的雷朋Aviator墨鏡配上那件帥氣的 G1 皮衣，還有那衝破雲霄的F-14 艦載機，勾起了許多人年輕時的飛行夢。但要想成為戰鬥機飛行員，一定得趁年輕開始受訓，就讓本單元幫助各位一圓兒時的飛行夢吧！

我畢業於一家成立於 1939 年、位於南加州聖塔莫妮卡（Santa Monica）的老牌飛行學校 —— 美利堅飛行者（American Flyers）。這是一所通過美國聯邦航空總署（FAA）的《美國聯邦航空法規》（簡稱 FAR，詳參單元46）Part 141 認證的學校，而大部分其他在美國的飛行學校則都隸屬於法規 Part 61。Part 141 的學校較為少見，主要是因為校方需要投入龐大的成本與時間去申請以及維持 141 證書，譬如自訂一套能被 FAA 認證的課程講義、要有完善的飛行時數紀錄軟體與地勤人員等等，都是非常可觀的營運成本，對大部分的飛行學校來說是很吃力的。以學員的角度來看的話，Part 141 與 Part 61 最大的差別，就是只有 141 證書的學校能核發 M1 學生簽證給國際學生。

在美國、加拿大、澳洲這幾個通用航空非常盛行的國度，都擁有許多與職業機師持有相同證照的的業餘飛行員，以及各式各樣、大大小小的機場，提供給想學習駕駛飛機或直升機、甚至水上飛機的人。舉幾個例子來說：我有一位咖啡事業上的客戶 Uncle Rick，他平日是土木工程師，假日是機師，2006 年就是由他帶著我和家人進行了螺旋槳小飛機的初體驗；而我一位很要好的大學朋友，他的爸爸不僅是個事業有成的生意人，也有飛行證照，甚至還擁有一架奧地利的小型四人座鑽石飛機（DA42），可見飛行證照的普遍。

✈ 作者永遠的母機場——聖塔莫妮卡機場
（Santa Monica Airport），同時也是許多明星飛行員的搖籃！
（圖片來源：Philip Pilosian ／ Shutterstock.com）

✈ 作者駕駛 1962 年出廠，擁有空中小跑車美譽的穆尼 M20（Mooney Aircraft），翱翔於洛杉磯的夜空中。（圖片來源：丁瑀）

大洛杉磯地區有將近 30 座機場，其中有 1/3 左右的機場與台灣的桃園國際機場、台北松山機場屬同等級。在洛杉磯成長與學飛除了天氣好、景點多以外，對我來說最大的驚喜，便是好萊塢明星哈里遜·福特（Harrison Ford）是我在 American Flyers Santa Monica 飛行學校的大學長。雖然我只見過他本人一次，但我和他的飛機經常飛在同一個空域裡。有一次我正在欣賞優美的太平洋夕陽、同時對準聖塔莫妮卡機場的 21 號跑道準備降落時，一陣低沉的聲音傳進了我的對講機裡：「Twelve o'clock. Traffic in sight.」正是我的偶像哈里遜·福特回報機場塔台說他看見我了，並會跟在我後面落地。就在我全神貫注準備著陸的那一瞬間，還是忍不住想起了他所主演的《空軍一號》。霎時間我才體悟到，原來這就是我一直在追尋的飛行夢！

✈ 坐落於加拿大卑詩省維多利亞港的水上飛機群。

（圖片來源：Daniel Avram／Shutterstock.com）

49. 真的有專門培育飛行員的大學嗎？

— 丁瑀 Brian Ting

　　許多人的夢想是成為一名能夠環遊世界的機師、濟世救人的醫師或伸張正義的律師，以美國為例，要想成為醫師或律師的人，都需要先用四年的時間取得學士學位、並通過嚴格的考試後才能進入醫學院或法學院就讀。法學院最少要唸三年，而醫學院則更久，最後都如期順利畢業後再經過實習與國家考試，才能成為一名合格的專業人士。

　　其實在這三項專業領域裡，機師是最快可以出師的，18歲的大學新鮮人可以直接選擇攻讀飛行員系（而不是一般我們常聽到的航太系）；在美國、加拿大、澳洲、英國甚至日本，都有許多歷史悠久、專門培育民航飛行員的大學，The Bachelor of Science in Professional Pilot Degree 就是一個完全為想要成為職業機師的高中畢業生特別量身打造的學位。

　　投入四年的時間學習飛行，考取單元 47 所提過的 Private Pilot License、Instrument Rating、Commercial Pilot License、Multie-Engine Rating 證照，累積飛行時數並同時修研「飛行組員合作管理」（Crew Resource Management）、「機場管理」（Airport Management）、「航空行銷」（Aviation Marketing）、「航空法」（Aviation Law）等精彩課程，對一名進入航空公司就業的「職業飛行員系」畢業生來說，是再熟悉不過的大學課表與生活。

✈ 擁有「天空中的哈佛」美譽的安柏瑞德航空大學
（Embry-Riddle Aeronautical University）位在亞利桑那州的校區。
（圖片來源：Renee Clancy ／ Shutterstock.com）

✈ 安柏瑞德航空大學專屬的黃藍色飛機正在優雅地彩繪那片美麗的藍天！
（圖片來源：Jeff Schultes ／ Shutterstock.com）

成立於 1926 年的私立安柏瑞德航空大學（Embry-Riddle Aeronautical University）擁有兩個主校區（美國佛羅里達州及亞利桑那州），早在 1979 年便被《時代雜誌》（TIME）譽為：「天空中的哈佛！」（Harvard of the Sky！）更於 2013 年獨創人類航太史上的第一個太空管理系（Commercial Space Operation）。正是因為它歷史悠久且校風創新，為航空界培育出了許多人才，也是少數以航空專業領域為核心的大學。我位於美國猶他州的母校 Utah Valley University（UVU）的航空系所，也有著近乎一模一樣的學程。

　　另外，大多數在美國擁有航空飛行系所的大學，都使用螺旋槳飛機來作基礎飛行訓練，許多美國人心目中的英雄，首位登月成功的阿姆斯壯母校─普渡大學（Purdue University），更是世界上第一個擁有噴射機的民用航空系，這對於現代航空飛行發祥地的美國而言，又是一項驚人的創舉。

✈ 「我的一小步，卻是人類的一大步。」說出這句經典名言的阿姆斯壯，至今依然坐在普渡大學的校園裡，啟發著每一代的航空人！

（圖片來源：Kit Leong ╱ Shutterstock.com）

50. 民航機師有可能被取代嗎？

丁瑀 Brian Ting

　　無人車顧名思義就是無需有人操控，只需透過 AI 人工智慧即可自動行駛的車種。無人車取代駕駛、降低人為因素，將交通安全提升到更高的境界。但無人駕駛真能取代民航機師嗎？相信很多人都有聽過莫非定律——任何有可能會出問題的事，就一定會出問題。再厲害的機器、再怎麼創新的科技都會有失靈的時候，所以我們不可能、也不應該完全仰賴機器去協助我們執行載人的飛航任務！

　　2009 年 1 月 15 日，就在美國首位非裔總統 Obama 即將宣示就職的前五天，一架全美航空 1549 號的 A320 客機從紐約市拉瓜迪亞機場出發，起飛過後不久便遭受嚴重鳥擊，造成兩顆引擎同時失效。就在這千鈞一髮之際，飛行員薩利機長與副機長史凱斯果斷讓班機迫降在冰冷的哈德遜河，最後也成功化險為夷，拯救了他們自己與其他 153 人的寶貴性命。試想，如果 1549 號航班是在沒有任何飛行員操控的情況下遭受鳥擊，那麼結局還會是一樣嗎？它還能安全順利的迫降在哈德遜河嗎？1549 號航班上的所有乘客之所以能夠毫髮無傷，都是因為薩利機長的沉著與冷靜，這位當時年近花甲，擁有 42 年飛行資歷的前美國空軍飛行員薩利（Chesley Burnett "Sully" Sullenberger），靠著他寶貴的經驗和臨危不亂，挽回了一場空中浩劫。這段經歷後來更製作成

電影《薩利機長：哈德遜奇蹟》（Sully），由曾榮獲奧斯卡最佳導演的克林‧伊斯威特（Clint Eastwood Jr.）執導，奧斯卡最佳男主角湯姆‧漢克斯（Tom Hanks）主演，證明了民航機師的無可取代。

其實飛機自動駕駛系統老早就問世了，鐵鳥猶如電腦，全然按照人類給予的指示飛行。演算法的確是一項非常重要的創舉，但重點還是得由人類親自下達指令給電腦。我2010年在南加州剛開始學習飛行時，飛的是一架1977年出廠的西斯納 Cessna 172，即使是這艘金龜車般大小的飛機，也可以在對準跑道後透過最陽春的飛行系統來自動降落，但前提還是要由我來判斷風向、與塔台溝通、確保所有的一切，並

✈ 民航機師在駕駛艙裡操控著飛機，展現機器與人的完美合作！

（圖片來源：Skycolors ╱ Shutterstock.com）

精準地對準跑道後才能安全完成降落。另外一個例子就是無人戰機或偵察機,雖說是絕佳的戰場幫手,但背後也是由一群受過精良訓練的飛行員在操控。生命是無價的,唯有讓專業的機師持續坐在駕駛艙裡飛行、觀察航程中所有的細微變化,才能隨時隨地確保飛航安全。

這世上沒有任何系統可以做出百分之百的保證及預測,因此人類永遠無法百分之百的相信機器、更別說機器能夠取代人類了;飛機是人類所創造出來的智慧結晶,也只能由受過高度專業訓練的飛行員去馴服、駕馭它。機器只是在協助人類減輕體力上的負擔及輔助判斷,至今仍無法取代人類的智慧,這是從古到今不變的真理。

✈ 美國空軍引以為傲的 MQ-1 掠奪者無人攻擊機在破曉出擊!
（圖片來源:sibsky2016／Shutterstock.com）

附錄一 全球飛機品牌，你知道多少個？

——丁瑀 Brian Ting

　　美國加州 15 歲半就可以考汽車駕照，在洛杉磯長大的我在高中拿到了駕照，母親也趁機為家裡添購黑色的 BMWZ4 敞篷車來一圓她的跑車夢。BMW 是 Bavarian Motor Works 的縮寫，這個來自德國慕尼黑的汽車名牌生產許多經典車款，但你知道 BMW 在 1916 年卻是以飛機起家的嗎？

　　BMW 生產的第一個產品為六缸水冷式飛機發動機，這具富有重大歷史意義的發動機也為 BMW 奠定了日後在車壇的主導地位，更是德國空軍一戰主力戰機——福克 D-VII ——性能比絕大多數的盟軍飛機都要好的主因！

✈ 作者在美國猶他州的母校 Utah Valley University（UVU）做 Diamond DA40 起飛前的準備。
（圖片來源：丁瑀）

✈ 作者駕駛著 SoCal Flying Club 的紅藍白西斯納 172，與南加州的陽光共舞。
（圖片來源：丁瑀）

歐洲相關品牌除了德國的藍白色 BMW 及多尼爾（Dornier）外，還有瑞典的紳寶（SAAB）是以生產戰鬥機、民航機、無人機、飛彈聞名於世的航空品牌，著名的例子如：JAS 39 Gripen 獅鷲戰鬥機、SAAB 340 等等，台灣國華航空（Formosa Airlines）就曾經使用過 SAAB 340 載客。另外還有剛提過來自荷蘭的福克（Fokker）以及世爵（Spyker）；英國航太公司（BAE）及象徵英國皇室的勞斯萊斯（Rolls-Royce），更是在飛機發動機領域不斷的發光發熱！

✈ 瑞典國寶級公司──紳寶（SAAB）生產的 JAS 39 Gripen 獅鷲戰鬥機。

（圖片來源：Jeppe Gustafsson／Shutterstock.com）

✈ 勞斯萊斯的發動機是經典中的經典！

（圖片來源：Maxene Huiyu／Shutterstock.com）

俄國民航機製造商的代表有：安東諾夫、圖波列夫、伊留申，至於軍用機則有：米格、蘇愷、雅克列夫等等為俄羅斯立下汗馬功勞的飛行器。法國最著名的絕對是空中巴士，但還有達梭（Dassault）及混有義大利血統的 ATR。說到義大利則一定要提到不斷創新的經典老牌飛機製造公司——比雅久（Piaggio）。瑰麗的阿爾卑斯山國瑞士以皮拉圖斯（Pilatus Aircraft）為榮，尤其是其生產的 PC-12 更是經典之作。

✈ 創立於 1884 年的義大利經典老牌飛機製造公司比雅久（Piaggio）。（圖片來源：Johannes Kraak／Shutterstock.com）

✈ 最能代表雪國瑞士的飛機 Pilatus PC-12。
（圖片來源：Mike Fuchslocher／Shutterstock.com）

亞洲國家的代表有重工業同樣發達的日本，許多日本車廠從二戰前就在研發飛機，甚至可以說今天日本車能夠穿梭在世界上的每一個角落，都是其良好的飛行基因所打下的基礎！本田工業自行開發製造的 HondaJet HA-400 就是一架輕盈、優雅的小型噴射商務機；至於三菱、速霸陸兩家享譽國際的車廠，也為日本帝國在二戰製造出許多主力戰機，如：三菱重工業的零式戰鬥機、中島飛機的一式戰鬥機 Ki-43 隼、Ki-61 三式戰鬥機飛燕等等經典名作，而中島飛機即是速霸陸的前身，三菱重工業在二戰後也為民航市場貢獻了 YS-11 及 SpaceJet。

✈ 路上的本田車到處都有，但你有見過空中的本田（HondaJet）嗎？
（圖片來源：Jeppe Gustafsson ╱ Shutterstock.com）

✈ 這架來自巴西的 Embraer ERJ 190，其塗裝表示隸屬於由著名美國航空家 David Neeleman 一手創立的藍色巴西航空。
（圖片來源：Thiago B Trevisan ╱ Shutterstock.com）

另外，東方巨龍中國的中國商用飛機公司（COMAC）製造的 C919 於 2017 年 5 月 5 日首飛成功，台灣的漢翔航空工業（AIDC）也是優秀的華人造機代表。南美洲代表則有巴西的巴西航空工業（Embraer），像台灣的華信航空就是從 2007 年 6 月開始引進 Embraer 的 ERJ190，其特色是獨特的海鷗形操縱桿。加拿大的龐巴迪（Bombardier）CRJ 噴射機系列在廣大的飛機市場裡有一定的市佔率，另外一間 made in Canada 的驕傲是成立於 1928 年的哈維蘭（De Havilland），其生產很多優良的水上飛機，如：DHC-2 Beaver、DHC-3 Otter。

飛行發祥地美國的首席代表莫過於福特，除了成立航空公司，其自行製造的飛機 Ford Trimotor 更造就了美國的航空業，當時成立的諸多航空公司至今都還主導著美國的天空。美國的中小型、商務噴射機、雙引擎飛機、單引擎教練機的代表有：1932 年成立於堪薩斯州的比奇飛機公司（Beechcraft），以及同樣來自堪薩斯的西斯納（Cessna）——地位就像教練機界的豐田（Toyota Camry）。

✈ 福特——史上第一位大量生產汽車的一代偉人——飛機製造公司所生產出的 Ford Trimotor。（圖片來源：Jo Hunter ╱ Shutterstock.com）

鑽石飛機工業集團（Diamond）是來自奧地利的飛機製造商，也是我母校 UVU 的主力機隊，當年我還在校時，校內有將近三十架的 DA20、DA40 及 DA42。創立於 1927 年的派珀（Piper）也是許多美國飛行學校酷愛的教練機，1929年誕生於美國德州的穆尼（Mooney）則被稱為小飛機界的超跑；而斯迪詩（Stits）生產的 SA-2A Sky Baby 是世界上最小的載人飛機之一，它短小、胖胖的外型非常討人喜歡。

✈ 小飛機界的空中跑車 Mooney 準備要奔馳在一望無際的藍天公路上！
（圖片來源：Adam Loader／Shutterstock.com）

　　相信你在讀完此單元後，除了法國的空巴（Airbus）與美國的波音（Boeing）之外，自身的飛機知識寶庫已經變得更加充實。飛出去吧各位！這個世界大到你無法想像，一定也有我沒有聽過但曾經對航空業做出無數貢獻的航空品牌，讓我們向所有的飛機品牌致敬。

附錄二 飛行員是現代時尚的開創者之一？

———————————— 丁瑀 Brian Ting

　　夜幕降臨，燈火通明的城市正籠罩在萬聖節的氣氛裡，伴隨著小朋友「trick or treat」的笑聲玩得不亦樂乎。每年萬聖節我都固定扮成最愛的復古飛行員，你知道早期的飛行員正是現代流行時尚的開創者之一嗎？

◆ 飛行墨鏡

　　在許多人的心目中，配戴雷朋墨鏡最經典的兩位代表莫過於影星湯姆·克魯斯，與傳奇名將麥克阿瑟，早在 1937 年即問世的飛行員最佳夥伴——金邊、墨綠色的雷朋太陽眼鏡 Ray Ban Aviator，當時就是專門做給美軍飛行員佩戴的標準配備。如今，墨鏡帥氣的形象早已深植人心，更是許多時尚人士的必備品！當然，我們都知道太陽眼鏡真正的用途是拿來遮陽、保護眼睛的最佳拍檔！

圖片來源：begalphoto／Shutterstock.com

圖片來源：Olena Yakobchuk ／ Shutterstock.com

◆ 飛行衣

好萊塢電影明星如湯姆‧克魯斯在《捍衛戰士》裡身披的四旗皮衣，還有電影《珍珠港》班‧艾佛列克和喬許‧哈奈特那英姿煥發的咖啡色皮衣，以及史上最偉大的男演員之一、並在二戰真實執行過飛行任務的世紀巨星──詹姆士‧史都華，都是引領飛行皮衣大流行的最主要人物。其實早在一戰時的德國戰鬥機飛行員就開始穿皮衣了，但是不管真正的始祖是誰，我們身上這件帥氣的飛行皮衣，的確成為了現代時尚的指標，更是許多人禦寒的基本配備！

◆ 飛行錶

說到現代腕錶就不得不提起來自法國的豪華珠寶、鐘錶品牌──卡地亞（Cartier）。因為正是卡地亞家族的第三代路易‧卡地亞為了解決好友──巴西航空先驅杜蒙（Alberto Santos-Dumont）的煩惱，特別精心製作了一隻皮帶與扣子結合的腕

圖片來源：Olena Yakobchuk ／ Shutterstock.com

錶——Santos Dumont。卡地亞當初只是為了幫助杜蒙不用再從口袋裡掏出懷錶查看時間，沒想到無意間竟然開創了現代時尚最具收藏性的精品。正是 Santos Dumont 這隻傳奇名錶，奏起了近代時尚腕錶的流行樂章！

◆ 飛行靴

　　羊毛靴的風氣與流行也和飛行員有關，當初為了因應高空飛行時的寒冷，飛行員都會穿著羊毛靴禦寒。別看 UGG 是今日許多女孩冬天的最愛，其實 UGG 的男靴與其他男鞋系列都是非常受到歡迎，穿起來真的是非常保暖！

圖片來源：BalkansCat ／ Shutterstock.com

鮮為人知的大學飛行社團

—— 丁瑀 Brian Ting

　　從小就加入過各式各樣校隊的我，一直到了大學才首次接觸到「NIFA 飛行校隊」這個猶如魁地奇般神奇但又有點神祕的另類代表隊。1920 年成立於美國，全名為 National Intercollegiate Flight Association，顧名思義就是代表各自的大學參加一年一度 NIFA 所舉辦的飛行比賽，是一個猶如美國 NCAA 的大學競賽聯盟，這種駕機競賽的運動需要擁有很好的反應、腦力與體力，更要有足夠的膽識。飛機對我們的重要性猶如棒球選手的手套及球棒，而且參賽者並不是用遙控飛機或模擬機來比賽飛行技巧，而是駕駛貨真價實的飛機衝破雲霄！

　　飛行比賽比些什麼呢？並不是在比誰飛得快，而是比飛行技巧及精準度，NIFA 總共有十二項飛行項目，以下容我挑三項來和各位分享。

　　短場降落（short-field landing）項目是看哪位飛行參賽者能將飛機降得最接近「目標線」，或是直接正中紅心、精準地落在目標線上。這是一項非常考驗飛行員技術的項目，也是我覺得最精彩刺激的環節；因為當各隊的飛行好手從你頭頂上呼嘯而過時，是非常考驗飛行技巧的，相信親眼目睹過的人這些飛行員的水準，除了敬佩還是敬佩。

　　領航（navigation Event）乍聽之下平淡無奇，但這是歷

時最久、最考驗飛行員穩定度的關鍵比賽，因為需要作一趟70海浬至120海浬的長途飛行，當然這對參賽的飛行選手來說又是一項無比刺激、需要沉著應對的項目。比賽重點是參賽者需要自己預先做好一份飛行計畫表，精算出時間、油量、通航點並精準地按照計畫內容執行，最後結果離自己的飛行計畫表越接近者勝出。

輕鬆、趣味，但也同樣扣人心弦的比賽項目——message drop，我稱它為「空投炸彈」，如果用比較浪漫的口吻來說的話就是「空投情書」，當然還是一追求精準度的比賽！

此外也有專為喜歡機場管理的朋友而設的專業協會，American Association of Airport Executives（AAAE）給想從事機場管理的人一個絕佳的機會，深入了解機場運營與各機場的高層連結脈絡，進而拓展自身的人脈與提升競爭力。如果你是致力於女權的女性飛行員或是想認識更多女機師的朋友們，Women in Aviation（WAI）就會是一個非常好的平台，讓你能夠結識來自四面八方的女飛人！

這些鮮為人知的大學飛行社團，都是我大學生涯裡最美好的回憶，雖然我在 NIFA 飛行隊生涯中從未贏得冠軍，但光是能夠擁有和美國空軍官校（US Air Force Academy）還有安柏瑞德航空大學（Embry-Riddle Aeronautical University）等一流傳統名校競賽的機會，就已經是非常寶貴的經驗了。2013 年結識的這群莫逆之交後來也都完成了各自的飛行夢，有的成為民航機師、有的延續家族傳統成為戰鬥機飛行員，由衷地替他們感到無比開心！